水利工程建设与管理

李海涛　著

西北工业大学出版社

西　安

【内容简介】 本书主要从水利工程概述、水利工程建设与生态环境、水利工程建设的质量控制与统计、水利工程建设的进度控制及管理、水利工程建设的投资控制探究、水利工程建设的合同管理、水利工程的安全生产管理、我国水利工程管理的创新发展等角度对水利工程建设进行了分析和研究。

本书可供水利建设与管理研究人员阅读参考。

图书在版编目（CIP）数据

水利工程建设与管理 / 李海涛著. — 西安：西北工业大学出版社，2022.10
ISBN 978-7-5612-8472-8

Ⅰ. ①水… Ⅱ. ①李… Ⅲ. ①水利建设 ②水利工程管理 Ⅳ. ①TV6

中国版本图书馆 CIP 数据核字(2022)第 191158 号

SHUILI GONGCHENG JIANSHE YU GUANLI
水 利 工 程 建 设 与 管 理
李海涛 著

责任编辑：	曹 江 曹 娜	装帧设计：	牧野春晖
责任校对：	王玉玲		
出版发行：	西北工业大学出版社		
通信地址：	西安市友谊西路 127 号	邮编：710072	
电　话：	(029) 88493844　88491757		
网　址：	www.nwpup.com		
印刷者：	北京市兴怀印刷厂		
开　本：	710 mm×1 000 mm	1/16	
印　张：	11.25		
字　数：	218 千字		
版　次：	2023 年 3 月第 1 版	2023 年 3 月第 1 次印刷	
书　号：	ISBN 978-7-5612-8472-8		
定　价：	79.00 元		

如有印装问题请与出版社联系调换

前　言

　　随着我国工业技术的发展，水利工程的重要性逐渐凸显出来。水利工程是国民经济的重要组成部分。当前，我国水利工程总体上以国家投入为主，其投资规模庞大，涉及范围广泛。水利工程是为民生服务的，在社会发展中处于重要的地位，对经济社会的发展与提高发挥着重要的促进作用。水利工程管理质量是决定水利工程最终效益的关键因素。在水利工程的施工过程中，水利工程的施工管理工作的顺利开展有利于节约建设成本，提高各项资源的利用率和综合效益。随着现代科技水平的迅猛发展，水利工程建设的进程也在不断加快，工程建设管理水平也在不断提高，并逐渐由传统型的经验管理模式转换为现代化的管理模式。

　　本书分为 8 章：第一章主要阐述水利工程的原理与功能、水利工程的类型划分以及水利工程多目标优化调度；第二章主要内容包括水利工程建设与生态环境的关系辨析、水利工程建设水环境功能与生态功能、水利工程建设的生态环境效应分析；第三章探讨水利工程质量控制及其影响因素、施工阶段的质量控制与质量验收、工程质量控制手段与统计分析；第四章分析进度计划与施工组织设计、施工进度管理的风险、网络计划技术及其优化、施工进度计划的实施与管理；第五章讨论水利工程概算费用构成与总体设计、工程设计阶段的投资控制、施工招标阶段的投资控制、建设实施阶段的投资控制、"静态控制、动态管理"的投资控制模式；第六章探析工程建设合同的相关认知，建设各方的权利、义务与责任，工程变更与索赔管理；第七章讨论水利工程的安全生产管理，主要包括安全事故的应急救援与应急预案、施工安全管理与文明建设的要求、现场环境安全管理及其污染防治；第八章探究我国水利工程管理及其发展战略、公益性水利工程的运行管理模式、基于"智慧城市"理论的智慧水利工程管理。

　　本书从水利工程的基本概念及其与生态环境的关系出发，由浅入深、层层递进地对水利工程建设质量控制、进度控制、投资控制、合同管理以及安全生产管理进行了系统阐述，并以我国水利工程管理的创新发展为出发点，探讨公益性水利工程模式，并对智慧水利工程管理进行分析。

　　本书的撰写得到了许多专家学者的帮助和指导，并曾参阅了相关文献、资料，在此对专家和文献、资料的作者表示诚挚的谢意。

　　由于笔者水平有限，书中所涉及的内容难免有疏漏与不够严谨之处，诚望各位读者指正。

著　者

2022 年 5 月

目　　录

第一章　水利工程概述 1

　　第一节　水利工程的原理与功能 1

　　第二节　水利工程的类型划分 11

　　第三节　水利工程多目标优化调度 13

第二章　水利工程建设与生态环境 21

　　第一节　水利工程建设与生态环境的关系辨析 21

　　第二节　水利工程建设水环境功能与生态功能 24

　　第三节　水利工程建设的生态环境效应分析 29

第三章　水利工程建设的质量控制与统计 41

　　第一节　工程质量控制及其影响因素 41

　　第二节　施工阶段的质量控制与质量验收 43

　　第三节　工程质量控制手段与统计分析 58

第四章　水利工程建设的进度控制及管理 72

　　第一节　进度计划与施工组织设计 72

　　第二节　施工进度管理的风险分析 75

　　第三节　网络计划技术及其优化 77

　　第四节　施工进度计划的实施与管理 80

第五章　水利工程建设的投资控制探究 97

　　第一节　水利工程概算费用构成与总体设计 97

　　第二节　工程设计阶段的投资控制 98

　　第三节　施工招标阶段的投资控制 106

　　第四节　建设实施阶段的投资控制 109

　　第五节　"静态控制、动态管理"的投资控制模式 114

第六章　水利工程建设的合同管理 124

　　第一节　工程建设合同概述 124

　　第二节　建设各方的权利、义务与责任 130

　　第三节　工程变更与索赔管理分析 133

第七章　水利工程的安全生产管理 139

　　第一节　安全事故的应急救援与应急预案 139

　　第二节　施工安全管理与文明建设的要求 143

　　第三节　现场环境安全管理及其污染防治 148

第八章　我国水利工程管理的创新发展 152

　　第一节　我国水利工程管理及其发展战略 152

　　第二节　公益性水利工程的运行管理模式 163

　　第三节　基于"智慧城市"理论的智慧水利工程管理 166

参考文献 171

第一章　水利工程概述

第一节　水利工程的原理与功能

水利工程是指用于控制和调配水资源，合理开发水能，达到除害兴利目的而修建的工程。水利工程以水文学、水力学、土木工程等为理论基础，由水电站、水库等构成主体对象，涵盖了规划、设计、建设、运行、调度等内容，是合理开发水能、科学利用水资源的基础设施和基础产业，是经济社会可持续发展的基础支撑。

一、水利工程的核心——水力发电

水力发电是水利工程的核心内容，是通过开发河川或海洋的水力资源，转换水能为电能的工程技术，把天然水流中蕴有的位能和动能经水轮机转换为机械能，再通过发电机将其转换为电能，最后经输变电设施将电能送入电力系统或直接供电给用户。

水力发电有多种形式：利用河川径流水能发电的为常规发电；利用海洋潮汐能发电的为潮汐发电；利用波浪能发电的为波浪发电；利用电力系统低谷负荷时的剩余电力抽水蓄能、高峰负荷时放水发电的为抽水蓄能发电。

（一）水力发电的基本原理

水体由上游高水位，经过水轮机流向下游低水位，通过重力做功，推动水轮发电机组发出电力。机组单位时间内输出的电能称为功率，它与上下游水位差（水头）和单位时间流过水轮机的水体体积（流量）成正比，可表示为

$$P = 9.81\eta QH \tag{1-1}$$

式中：P——水力发电的功率，kW；

　　　η——引水系统、水轮机和发电机的总效率（$\eta < 1.0$）；

　　　Q——通过水轮机的流量，m^3/s；

　　　H——水头，m。

（二）水力发电的主要特点

（1）清洁可再生能源。以太阳热能为动力的水文循环，周而复始，永不停息，

河川径流是其中的一个环节。利用可再生的水能发电,不但节省了不可再生能源,也杜绝(或减少)了有害气体、烟尘和灰渣的排放。

(2)经济性强、运行可靠性高。水力发电与火力发电等不同,可同时完成一次能源开发和二次能源转换。常规水电站水能的利用效率为80%左右,而火力发电厂的热效率只有 30% ~ 50%。水力发电生产成本低,管理和运行相对简便,运行可靠性较高。水轮发电机组起停灵活,输出功率增减快、可变幅度大,是电力系统理想的调峰、调频和事故备用电源。

(3)综合利用价值高。水利工程往往具有防洪、灌溉、航运、供水、养殖、旅游等功能。通过合理调度可以实现一水多用,从而获得最优的经济、社会、生态效益。

(4)受河川天然径流丰枯变化影响大。一般水电站需建设水库调节径流,以适应电力系统负荷的需要。现代电力系统一般采用水、火、核电站联合供电方式,既可弥补水力发电天然径流丰枯不均的缺点,又能充分利用丰水期水电电值,节省火电厂消耗的燃料。

(5)建设条件限制多。水力资源在地理上分布不均,建坝条件较好和水库淹没损失较少的大型水电站站址往往位于偏僻地区,施工条件较差,需要建设较长的输电线路,增加了造价和输电损失。建有较大水库的水电站,水库淹没损失一般较大,移民较多,且因改变了原有水文情势而对水环境与水生态影响较大。

(三)水力发电的开发原则

水力发电涉及一次能源开发、电力系统规划和运行、水资源综合利用、社会经济发展和生态环境保护等诸多内容,开发水电应遵循以下几条原则:

(1)做好地区电源及水电发展规划,按照全系统整体效益最优原则,统筹安排地区电力系统的电源构成、联合运行方式及水、火电站的建设时序。

(2)连续开发河流梯级水电站和分片集中建设水电站群,是节约投资、加快水电建设进度的有效途径。

(3)在淹没、移民允许的条件下,在河流上游建大水库可提高全河径流的经济利用价值。在地形条件许可并对水资源利用有利时,可考虑跨流域引水开发方式。

(4)水电站建设要根据具体条件,因地制宜,大、中、小型并举,高、中、低水头齐发,选择合理的水电站型式。

(5)重视水电站项目的环境影响,切实做好环境保护。

(6)重视水库淹没损失,做好水库移民安置规划并切实实施。

(7)严格按照基建程序办事,做好规划、预可行性研究、可行性研究等阶段工作。

（四）水力发电的发展历史与成就

水力发电是在发电机和输电技术发明并得到实用之后发展起来的。19 世纪 70 年代末，法、德、英、美等国开始建设小型水电站。随着电力系统的不断扩大和技术的不断进步，水电站单站装机容量迅速增大。1882 年美国建造的第一座商用水电站装机容量仅为 10.5 kW，1941 年发电的美国大古力水电站的一期工程装机容量达到了 1 974 MW，至 1984 年，巴西和巴拉圭两国合建的伊泰普水电站装机容量已达到了 12 600 MW。

中国水电站建设起步较晚，但中国水力资源开发迅速，潜力巨大。1905 年台湾地区曾建龟山水电站；1912 年云南省建成的石龙坝水电站，仅装有 2 台容量为 240 kW 的混流式水轮发电机组。1949 年以前，除丰满水电站（设计规模为 563 MW）和水丰水电站（设计规模为 630 MW）装机容量较大外，其他水电站规模均甚小；1949 年以后，水力发电事业取得了长足发展，筑坝技术和机电设备制造技术有了很大提高。1979 年发电的乌江渡水电站，大坝建在喀斯特发育地区，建成 168 m 的拱形重力坝；1981 年 7 月发电的葛洲坝水电站，装机容量为 2 715 MW，装有转轮直径为 11.3 m 的轴流转桨式水轮机；1998 年 8 月发电的二滩水电站，装机容量为 3 300 MW，混流式量水轮发电机组的单机容量 1 550MW，混凝土双曲拱坝最大坝高 240 m。长江三峡工程 1994 年正式开工，成为世界规模最大的水电站，工程设计装机容量为 18 200 MW，混流式机组，单机容量 700 MW。

1978 年，水利电力部根据中国水力资源的具体分布情况、开发条件和国民经济发展需要，从战略角度提出集中建设中国十大水电基地的设想方案。1989 年，水利水电规划设计总院补充汇总，提出集中建设金沙江、雅砻江、大渡河、乌江、长江上游、南盘江红水河、澜沧江、黄河上游、湘西、闽浙赣、东北、黄河北干流 12 大水电流域梯级滚动开发，对实行资源优化配置，带动西部经济发展都起到了极大的促进作用。

目前我国已建成三峡、向家坝、溪洛渡等具有国际领先水平的大型水利水电工程。三峡工程是在我国最大的江河——长江上，主要依靠自己的力量建设成功的世界最大的水电工程，面临着前人未遇到的诸多难题，这就决定了三峡工程必须走自主创新之路，在三峡工程建设过程中，攻克了一个又一个世界级难题，大江截流、船闸高边坡稳定、混凝土冷却和快速浇筑、特大型水轮发电机组、特高压直流输变电、世界最大垂直升船机等技术的突破，谱写了世界水利水电建设的篇章。以特大型水轮发电机组为例，三峡工程通过引进、消化、吸收、再创新，掌握了巨型机组设计制造核心技术，实现了 70 万千瓦巨型机组等重大机电装备国产化目标。三峡工程枢纽以及 32 台 70 万千瓦机组运行安全可靠，工程建设和制造安装优良。

随着三峡电站工程的成功，我国大型水电站建设、大容量水电机组，以及成套机电设备制造快速发展。三峡工程推动我国水电技术走向世界，成为中国一张新的"名片"。我国已与多个国家建立了水电规划、建设、投资长期合作关系，占据世界水电市场的"半壁江山"，已建和在建的有马来西亚沐若、尼泊尔上马蒂、几内亚凯乐塔、苏丹麦洛维、厄瓜多尔辛克雷等多个水电站。水电技术走出国门，带动了水电装备及其相关制造业等产业的发展。

二、水电站与水库

水电站是能将水能转换为电能的综合工程设施，一般包括水库和水电站引水系统、发电厂房、机电设备等。水库是利用天然地形来修建水工建筑物所形成的人工湖泊，可以利用挡水建筑物壅高水位，集中水头用以发电、增加库内航运水深或提高取水高程以扩大供水范围；可调节径流，将天然的入库流量过程变成能适应发电和其他用水要求的流量过程出库。

（一）水电站的设施组成

按利用能源的种类，水电站可分为常规水电站、抽水蓄能电站、潮汐电站和波浪能电站等。水电站主要由挡水建筑物、泄水建筑物、排沙设施、发电引水系统和发电系统等组成。

（1）挡水建筑物。挡水建筑物是指拦河修建的坝、闸或河床式水电站的厂房。挡水建筑物的作用为壅高上游水位，集中水头用以发电并形成水库以调节径流。拦河坝一般分为土石坝和混凝土坝两大类型，当壅水不高而需较大的泄洪流量时，可用闸挡水；当壅水不高而河床比较开阔时，也可把水电站厂房作为挡水建筑物的组成部分，成为河床式水电站。

（2）泄水建筑物。泄水建筑物的主要作用为泄放洪水出库以保证坝的安全和控制出库下泄流量以满足下游的防洪要求。泄水建筑物有时还可用以泄放下游灌溉、工业、生活等要求的用水，或用以放低水库水位，或兼作为排沙、施工导流的设施。泄水建筑物有溢洪道、泄洪隧洞、泄水闸和坝身泄水孔等形式，应根据泄放水要求，结合坝型和地形条件进行选择。

（3）排沙设施。排沙设施用于排沙出库以保持水库的调节库容；排泄厂房或坝上游附近的淤沙以减少泥沙进入水轮机或泄水孔，减轻泥沙磨损。排沙设施有排沙孔和冲沙闸等类型，应根据排沙要求应结合枢纽布置进行选择。

（4）发电引水系统。发电引水系统用来把发电用水从电站上游河道或水库引入厂房，经过水轮机，用以发电后再从厂房排入下游河道或水库。

坝式水电站的发电引水系统比较简单，仅由进水口、压力管道、尾水管和相应的闸、阀与启闭设备组成。

引水式水电站和混合式水电站的发电引水系统比较复杂，包括进水口、引水隧洞（或引水明管、引水明渠）、调压室（或井）或压力前池、压力管道、尾水管或尾水隧洞（或尾水明渠）等建筑物以及相应的闸、阀和启闭设备等。

（5）发电系统。发电系统是水电站的核心，包括主厂房、副厂房、变电站、开关站、中央控制室，安装有发电设备、生产辅助设备、变电设备、高压电气设备、控制保护设备和厂用电设备等。

（6）水轮发电机组。水轮发电机组发电的主要设备包括水轮机和水轮发电机。利用水流的压力或流速水头推动水轮机，水轮机再带动水轮发电机发电。水轮发电机组的主要附属设备有进口阀、水轮机调速器、油压装置、水轮发电机励磁、冷却系统和起重设备。所有这些设备都安装在厂房内。

（7）主变压器。主变压器把水轮发电机电压升高到高压或超高压，以便远距离输电。设置变压器的变电站位置一般靠近主厂房，根据水电站的开发方式和地形地质条件选定。

（8）高压电气设备。高压电气设备包括断路器、隔离开关、电流互感器、电压互感器、避雷器、阻波器和母线等。这些设备一般都布置在开关站内。开关站一般布置在离厂房不远处。

（9）其他引水设施。其他引水设施是为满足灌溉、工业或生活用水需要而设置的从水库引水的设施。一般在水库岸边或通过坝体修建取水口引水。在取水口下游一般要考虑设置消能设施，使水流能平稳地沿输水渠道或管道流送到需水地点。

（10）过坝设施。过坝设施是为船舶、木、竹、鱼类过坝而设置的设施。过船设施有船闸或升船机；过木、竹设施有过木、竹机或筏道；过鱼设施有鱼梯、鱼道或集渔船等。

（二）水库的库容与分类

1. 水库的库容

水库蓄水的容积（库容）取决于坝的壅水高度（水库水位）和库区的地形条件。可利用水库地形图量度各高程的水库面积，据此计算出各库水位下的库容，并绘制库水位与库容的关系曲线（库容曲线）。常规水电站一般利用河谷、湖泊建库，可形成较大库容，如乌干达的欧文瀑布水电站利用维多利亚湖建库，库容为 2 048 亿 m^3，是世界上库容规模最大的水电站。

中国三峡水库的库容为 393 亿 m^3，是中国已建成的最大水库。中国的镜泊湖水电站利用天然湖泊作为做水库，库容为 18.2 亿 m^3；六郎洞水电站将地下天然溶洞修建成水库。潮汐电站的水库一般建在河口或海湾。抽水蓄能电站常利用湖泊或河谷建上、下水库（又称上池、下池），有时利用洼地，通过筑坝或开挖建成水库，库容一般较小。

按照对水库的径流调节要求，经径流调节计算和优化后，可得出各种水库特征水位。据此可将水库库容划分为以下 3 个等级：

（1）死库容。死水位以下的库容称为死库容，不用于调节径流。

（2）有效库容。正常蓄水位与死水位之间的库容称为兴利库容，又称有效库容或调节库容，其以兴利（如为发电、航运、供水等）为目的对径流进行调节。

（3）调洪库容。从汛期限制水位到校核洪水位之间，用于调蓄洪水的库容称为调洪库容。调洪库容按照调洪要求又可分为以下两类：

1）防洪库容。从汛期限制水位到防洪高水位之间的库容，为用以减轻或避免下游洪灾而对洪水进行调蓄所需的库容称为防洪库容。防洪高水位以上到校核洪水位之间的库容，是在发生超过下游防洪标准的频率洪水时，由于水库下泄流量受泄水建筑物泄水能力的限制，为保证水库自身安全而用以蓄纳未能排出的这部分洪水量的库容。

2）共用库容。从汛期限制水位到正常蓄水位之间的库容称为共用库容，在汛期用于调蓄洪水，在非汛期用于调节径流。

2. 水库的分类

（1）按对径流的调节能力可分为多年调节、年（季）调节、周调节和日调节水库。

（2）按总库容规模的大小分类，各国划分的标准不同。我国可分为大、中、小型 3 种：库容在 1 亿 m^3（含）以上为大型；1 000 万 m^3（含）~1 亿 m^3 为中型；1 000 万 m^3 以下为小型。

（3）按库区的地形、地貌条件可分为平原水库、丘陵水库、峡谷水库等。

（4）按水库承担的主要任务可分为发电水库、防洪水库、灌溉水库、供水水库、航运水库和综合利用水库等。

三、水力资源分析

（一）水力资源分级

"水力资源是一种新型的资源，利用水力资源进行发电，可以减少污染排放，利用循环水还可以提高水资源的利用率"[1]。水力资源是蕴藏于河川和海洋水体中

---

① 石品，眭辉锁，王伟，等. 浅议水力资源的利用[J]. 建筑工程技术与设计，2018（14）：47-72.

的位能和动能，在一定技术、经济条件下，水力资源的一部分可以开发利用。按资源开发的可能性，水力资源可分为三级统计，即理论蕴藏量、技术可开发资源和经济可开发资源。

根据当前技术、经济水平，可开发资源主要是河川水力资源，潮汐能资源占小部分，波浪能利用尚处于试验阶段。水力资源属于可再生能源，一般按多年平均年发电量进行统计。

1. 水力资源理论蕴藏量

按理论公式计算的河川水体的位能，世界各国在计算精度上不尽相同，计算结果差异也较大。有的按地面径流量和高差计算；有的按降水量和地面高差计算。我国是将一条河流分成河段，根据通过河段的多年平均年径流量及其上下游两端断面的水位差，河段的理论蕴藏量的计算公式为

$$E=0.002\ 725WH \tag{1-2}$$

$$P=E/8\ 760=9.81QH \tag{1-3}$$

式中：E——按多年平均年发电量计算的理论蕴藏量，$kW \cdot h/a$；

$\quad\quad W$——河段两端多年平均年径流量，m^3；

$\quad\quad H$——河段两端水位的高程差，m；

$\quad\quad P$——按平均功率表示的理论蕴藏量，kW；

$\quad\quad Q$——通过河段的多年平均流量，m^3/s。

一条河流、一个水系或一个地区的水力资源理论蕴藏量是其范围内各河段理论蕴藏量的总和。

2. 技术可开发资源

技术可开发资源是指按当前技术水平可开发利用的水力资源。根据各条河流的水文、地形、地质、水库淹没损失等条件，初步规划拟定可能开发的水电站，统计这些水电站的装机容量和多年平均年发电量，称为技术可开发资源。按技术可开发资源统计的多年平均年发电量比理论蕴藏量少。差别在于计算技术可开发资源时：

（1）不包括不宜开发河段的资源。

（2）对可开发河段，考虑了因水轮机过水能力的限制、库水位变动和引水系统输水过程中的损失等因素，部分水量和水头未能被利用。

（3）采用实际可能的能量转换效率，$\eta < 1.0$。由于技术可开发资源随技术水平和社会、环境等条件的发展而变化，故技术可开发资源的数量也会随之而产

生变化。

3. 经济可开发资源

经济可开发资源是指根据地区经济发展要求，经与其他能源发电分析比较后，对认为有经济利益的可开发水电站，按其装机容量和多年平均年发电量进行统计。经济可开发水电站是从技术可开发水电站群中筛选出来的，故其数量小于技术可开发水电站。经济可开发资源与社会经济条件、各类电源相对经济性等情况有关，故其数量会不断调整。

（二）中国水力资源的特点

中国水力资源总量位居世界第一。2003 年全国水力资源复查结果显示，中国（除港澳台）水力资源理论蕴藏量在 10 MW 及以上的河流共 3 886 条，水力资源理论蕴藏量年发电量为 60 829 亿 kW·h，技术可开发装机容量为 541 640 MW，年发电量为 24 740 亿 kW·h，经济可开发装机容量为 401 795 MW，年发电量为 17 534 亿 kW·h。2021 年全国水资源公报显示，2021 年全国水资源总量为 29 638.2 亿 m^3，比多年平均值多 7.3%。其中，地表水资源量为 28 310.5 亿 m^3，地下水资源量为 8 195.7 亿 m^3，地下水与地表水资源不重复量为 1 327.7 亿 m^3。

中国水力资源有下述特点：

（1）大型水电站装机容量比重大。在中国技术可开发水电站中，装机容量在 300 MW 及以上的大型水电站占很大比例。根据水力资源复查结果，单站装机容量在 0.5 MW 及以上的 13 314 座和国际界河 28 座水电站中，装机容量 300 MW 及以上的大型水电站仅 273 座和国际界 10 座，但其技术可开发装机容量和年发电量占全国总量的比例均超过 70%，其中装机在容量为 1 000 MW 及以上的特大型水电站虽仅 116 座和国际界河电站 5 座，但装机容量达 315 590 MW，年发电量达 14 579.07 亿 kW·h，其装机容量及年发电量占全国总量的比例均超过 50%。

（2）地区分布不均。中国各地区的地形与降雨量差异较大，因而形成水力资源在地域上的分布不均衡。经济相对落后的西部 12 个省（自治区、直辖市）水力资源占全国总量的 80% 以上，特别是西南地区和云南、贵州、四川、重庆、西藏 5 个省（自治区、直辖市）就占全国总量的 2/3；其次是中部的 8 个省（自治区、直辖市）占 10%；而经济发达、用电负荷集中的东部 11 个省（自治区、直辖市）仅约占 5%。因此，水力资源开发除了满足西部自身电力市场需求以外，还要实行"西电东送"。

（3）时间分布不均。中国位于亚欧大陆的东南部，与世界上最大的海洋相邻，具有明显的季风气候特点，因此大多数河流年内、年际径流分布不均，丰枯季节流量相差悬殊，需要建设调节性能良好的水库对径流进行调节。这样才能提高水电站的总体供电能力，以更好地适应电力市场的需要。

（4）集中在大江大河干流。中国水力资源富集于金沙江、雅龙石江、大渡河、澜沧江、乌江、长江上游、南盘江红水河、黄河上游、湖南西部、福建、浙江、江西、东北、黄河北干流以及怒江等水电基地，其总装机容量约占技术可开发量的 50%，特别是西部的金沙江中下游干流，电站总装机规模近 60 000 MW，长江上游（宜宾至宜昌）干流超过 30 000 MW，稚若江、大渡河、黄河上游、澜沧江、怒江的规模均超过 20 000 MW，乌江、南盘江红水河的规模均超过10 000 MW。这些河流水力资源集中，有利于实现流域梯级滚动开发，建成大型的水电基地，充分发挥水力资源的规模效益以实施"西电东送"。

四、水资源综合利用

水资源综合利用以获得社会、经济和环境总体效益最优为原则，通过工程措施合理调配河流的流量和水位，多目标地开发利用水资源，为各有关部门提供多重服务。

水资源综合利用包括兴利和除害两方面：兴利有水力发电、灌溉、供水、航运、漂木、水产养殖、旅游等；除害有防洪、除涝、防凌等。

（一）水资源综合利用的可能性分析

水力发电、灌溉、供水、航运等部门是国民经济的组成部分，需要协调发展，所以国家或地区的国民经济发展要求综合利用水资源，以获得最佳的整体效益。

水资源具有多种功能，如水力发电需要利用水体所蕴藏的能量；航运、水产养殖、旅游等需要利用水资源形成有利的水域和水体；而灌溉和供水则需要消耗部分水量。所以只要经过合理调配，就可以充分利用水资源的各种功能，实现一水多用。

各部门对水资源综合利用往往有共同的要求，如建造水库既要壅高水位，又要调节径流。水库壅高水位：可为水电站提供发电水头，使水体蕴藏的能量集中为水电站所用；为航运加大库区水深，扩大水域，改善库区通航条件，提高通航能力；可为灌溉和供水提高取水高程，扩大供水范围；可为水产养殖和旅游形成或扩大需要的水域面积和水体，改善水产养殖条件和旅游环境。

水库调节径流，可贮存汛期多余的水量，转到枯水期利用，既为水力发电、航运、供水、灌溉等增大了枯水期可利用的水量，又可以减少洪涝灾害。因此只要合理调度水库，就可实现一库多用。

（二）水资源综合利用的具体措施

各部门对水资源综合利用的要求既有实现一致的方面，又有不一致的一面。当水电站和其他部门对水量或水位的时空分配的要求不一致时，可以通过恰当地配置梯级水电站的水库位置和库容、合理选择水库参数、根据电力系统电源可互为补偿的条件而采取恰当的运行方式等措施，缓解矛盾，或同时满足水力发电和其他部门的要求。

（1）水力发电和航运、供水部门对流量日内时空分布要求不同的矛盾。水电站为电力系统调峰，使其下游河段日内流量不稳定。电力系统负荷高峰时水电站需要多放水发电、负荷低谷时水电站则需要少放水发电，甚至不发电，这使其下游河道流量和水位在一日内变化较大，而航运或供水部门要求河道昼夜流量平稳，于是，出现了不同部门间对流量日内时空分布要求不同的矛盾。对此，可采取在水电站下游修建反调节水库的措施来解决。利用反调节水库可把上级水电站放出的不均匀流量调节成较均匀的流量再下泄。有时也可考虑水电站部分水量均匀下泄部门（在基荷区发电）、部分水量不均匀下泄的方法，以同时满足电力系统调峰和其他用水的要求。

（2）水力发电和航运、灌溉等用水的要求在年内时空分布不同的矛盾。电力系统要求水电站在年内各月比较均衡地提供电量，而北方地区的航运分通航期和非通航期。通航期要求河道保持较大的流量，非通航期对河道流量没有要求。灌溉也分灌溉期和非灌溉期，年内各月用水要求也不均衡。当存在这类矛盾时，可采取河流上下游水库联合调度的措施加以协调。其中一座水电站的水库按照航运、灌溉用水要求运行，灌溉期多发电、非灌溉期少发电，该水电站在年内不均匀供电的缺口再由其他水电站填平补齐，即在通航期或灌溉期少发电，其他时间多发电，以使两座或若干座水电站总发电量在年内各时期保持均衡。

（3）水力发电与其他部门在水库最低运行水位方面的矛盾。有时发电要求增大水库水位变幅，以提高水库调节径流能力，使水电站在枯水期多发电。但航运为保持库区航道必要的水深，或者灌溉、供水为扩大供水范围而要求水库水位不低于某一高程。发电、航运和灌溉都可考虑替代措施解决，例如，水力发电可考虑利用其他水电站进行补偿调节，航运可考虑适当的疏浚河道措施，灌溉可考虑利用部分扬水设施等方法弥补。因此，可根据各部门利益合理选择死水位及替代措施，兼顾各方面的要求。当库区淹没条件允许时，也可考虑提高正常蓄水位以使各方要求都得到满足。

（4）引水式水电站引水口以下至水电站之间原河道流量减少，甚至出现脱水段，与用水部门产生矛盾。在航运、灌溉、供水、渔业用水要求较高而又没有其他经济合理的解决措施的河段，水力发电应尽量采用坝式开发而不采用引水式开发。若其他用水部门只需少量流量或可以另觅水源替代时，可按经济原则选用引水式开发，并保留一定的下泄流量。

（5）建设调节水库和水库淹没损失之间的矛盾。由于梯级水电站的水库可以联合调度，可考虑上游水电站的水库直接或间接为下游水电站调节径流，所以可在较大范围内合理选择水库库址和库容规模，以减少水库淹没损失或避免某一河段淹没，以达到对自然环境不利影响最小而又满足各部门对径流调节的要求的目的。

（6）为重复利用水库库容的调节作用，水电站可在不同时期采用不同的运行方式以协调兴利和防洪所需库容的矛盾。在汛期，水库为兴利允许的最高蓄水位（即汛期限制水位）可低于正常蓄水位，以增加为目的而设置的防洪库容。在汛期，为兴利允许的水库最高蓄水位上升到正常蓄水位，相应地增加了兴利所需的调节库容。这种运行方式重复利用处于汛期限制水位到正常蓄水位之间的库容，汛期用于防洪，非汛期用于兴利，可协调防洪和兴利对库容要求的矛盾。

（7）拦河坝截断河道影响通航、漂木等不利影响。可采用设置不同类型的过船过木设施、鱼道或在下游设孵化场等措施解决。在某一河流或河段的水资源开发中，各综合利用部门的主次关系不同。当各部门间对水资源综合利用的要求有矛盾时，应考虑各部门的主次关系，合理地协调各部门的要求，研究可能采取的各种替代措施，在各受益部门合理分担费用的前提下，以总体经济效益最优为原则，确定水资源综合利用方案，并通过行政程序予以确认。

第二节　水利工程的类型划分

一、按照工程级别标准的类型划分

根据《水利水电工程等级划分及洪水标准》（SL 252—2017）的规定，水利工程的等别根据其工程规模、效益及在国民经济中的重要性，可划分为Ⅰ、Ⅱ、Ⅲ、Ⅳ、Ⅴ五级，适用于不同地区、不同条件下建设的防洪、治涝、灌溉、供水和发电等水利工程。

（1）平原区拦河水闸工程的等别，应根据其过闸流量及其防护对象的重要程度，按表1-1确定。规模巨大或在国民经济中占有特殊地位的水闸枢纽工程，其级别应经论证后报主管部门批准确定。

表 1-1　平原区拦河水闸工程分级指标

工程等别	工程规模	最大过闸流量/（$m^3 \cdot s^{-1}$）
I	大（1）型	≥5000
II	大（2）型	5000～1000
III	中型	1000～100
IV	小（1）型	100～20
V	小（2）型	<20

（2）工业、灌溉、排水泵站的等别，应根据其装机流量与装机功率，按表1-2 确定。城镇供水泵站的等别，应根据其供水对象的重要性，按表1-2 确定。

表 1-2　灌溉、排水泵站分等指标

工程等别	工程规模	分等指标	
		装机流量/（$m^3 \cdot s^{-1}$）	装机功率/（$10^4 kW$）
I	大（1）型	≥200	≥3
II	大（2）型	200～50	3～1
III	中型	50～10	1～0.1
IV	小（1）型	10～2	0.1～0.01
V	小（2）型	<2	<0.01

（3）引水枢纽工程的等别，应根据引水流量的大小，按表1-3 确定。

表 1-3　引水枢纽工程分等指标

工程等别	I	II	III	IV	V
工程规模	大（1）型	大（2）型	中型	小（1）型	小（2）型
引水流量/（$m^3 s^{-1}$）	≥200	200～50	50～10	10～2	<2

对于综合利用的水利工程，当按各综合利用项目的分等指标确定的等别不同时，其工程等别应按其中的最高等别确定。

二、按照基本建设项目的类型划分

基本建设项目是指按照一个总体设计进行施工、由一个或若干个单项工程组成，经济上实行统一核算、行政上实行统一管理的基本建设工程实体，如一座独立的工业厂房、一所学校或一个水利枢纽工程项目等。

一个基本建设项目往往规模大、建设周期长、影响因素复杂，尤其是大中型水利水电工程。因此为了便于编制基本建设计划和编制工程造价，组织招投标与施工，进行质量、工期和投资控制，拨付工程款项，实行经济核算和考核工程成本，需对一个基本建设项目系统地逐级划分为若干个次级工程项目。通常按基本建设项目本身的内部组成，将其划分为单项工程、单位工程、分部工程和单元工程。

（1）单项工程。单项工程又称扩大单位工程，它是基本建设项目的组成部分。单项工程是具有独立的设计文件，竣工后可以独立地发挥生产能力或效益的工程，如水利工程中的挡水工程、泄水工程、输水工程等。

（2）单位工程。单位工程是指具有独立施工条件的建筑物。单位工程通常可以是一项独立的工程，如输水工程中的进水口、引水隧洞等，也可以是独立工程的一部分，单位工程按设计及施工部署划分，一般应遵循以下几条原则：

1）枢纽工程，一般以每座独立的建筑物为一个单位工程。当工程规模较大时，可将一座建筑物中具有独立施工条件的一部分划分为一个单位工程。

2）堤防工程，按招标标段或工程结构划分单位工程。规模较大的交叉连接建筑物及管理设施以每座独立的建筑物为一个单位工程。

3）引水（渠道）工程，按招标标段或工程结构划分单位工程。大、中型引水（渠道）建筑物以每座独立的建筑物为一个单位工程。

第四，除险加固工程，按招标标段或加固内容，并结合工程量划分单位工程。

4）分部工程。分部工程是单位工程的组成部分。一般指在一座建筑物内能组合发挥一种功能的建筑安装工程。对单位工程安全性、使用功能或效益起决定性作用的分部工程称为主要分部工程。分部工程项目的划分应遵循以下几条原则：

1）枢纽工程，土建部分按设计的主要组成部分划分；金属结构及启闭机安装工程和机电设备安装工程按组合功能划分。

2）堤防工程，按长度或功能划分。

3）引水（渠道）工程中的河（渠）按施工部署或长度划分；大、中型建筑物按工程结构主要组成部分划分。

4）除险加固工程，按加固内容或部分划分。

5）同一单位工程中，各个分部工程的工程量不宜相差太大，每个单位工程中的分部工程数目不宜少于 5 个。

（4）单元工程。单元工程是分部工程的组成部分，指在分部工程中由几个工序（或工种）施工完成的最小综合体，如土方工程可分为人工挖地槽、挖地坑、回填土等，类似于建筑工程中的分项工程。单元工程的划分应遵循以下原则：

1）河（渠）道开挖、填筑及衬砌单元工程划分界线宜设在变形缝处，长度一般不大于 100 m。同一分部工程中各单元工程的工程量（投资）不宜相差太大。

2）水利工程单元工程施工质量验收评定标准中未涉及的单元工程可依据工程结构、施工部署或质量考核要求，按层、块、段划分。

不同分部工程的单元工程也可根据相关规范进行划分。

第三节　水利工程多目标优化调度

水利工程多目标优化调度的基本任务是，科学经济地治理、调配、利用和保护水资源，调节地表水和地下水的水位、流量、水深，适时适量地输送水量，按标准保护水质，以满足国民经济各部门和社会对水利工程的要求；保护水利工程建筑物及设备的完好与安全，使之能正常持久地发挥作用，防止或减少事故和灾害；保持水域环境蓄水、过水、排水的能力及正常使用的条件；不断进行技术改造，以适应水利管理事业发展和科学技术进步的要求。

一、水库调度原理

水库调度主要是利用水电站水库自身具备的基本功能，按发电、防洪和其他综合利用水资源的要求，改变河川径流时空分布。"水电站的运行与调度目标任务，是合理安排水电站的运行方式和水库的水位和水量调度，使水电站及其接入的电网得到最大可能的经济效益。综合利用的水电工程，其水库运行调度需从整个国民经济利益出发，使用阶梯发电站进行发电供应时，可有效实现节约资源的目的，阶梯发电可以用最少的水资源，达到最大的发电量的目的，可为电力企业减少运营成本，水供电企业的利益实现最大化，这对发电企业来说意义重大[①]"。

水电站水库通过径流调节，在改变河川径流时空分布时，也改变了水能的时空分布。河川径流的丰枯周期变化及其随机性，常不能适应发电、防洪及其他水资源利用部门的要求，需要进行径流的时空再分布。径流调节的基本方法是利用水库的容积和泄流设施储存和泄放水量，通过调节周期的水量平衡，进行水库运行决策，从而改变径流及水能的时空分布，达到合理地满足发电、防洪及其他水资源用户要求的目的。经过水库调节以后，较能适应水资源用户要求的流量，称为调节流量。

例如，洪水调节是为保证大坝安全及下游防洪，利用水库控制下泄流量、削减洪峰的径流调节，简称调洪。洪水调节的内容包括防洪标准的确定、调洪库容及其配置、防洪调度（即调洪运行决策）、洪水调节计算。洪水调节按照一定的防洪标准进行，防洪标准是按洪水以年为单位的重现期来表达的。

水库洪水是不恒定流，坝前水位水平面以下的水库容积叫静库容，水库回水水面与坝前水位水平面之间的楔形水库容积称为动库容。动库容一般集中在水库变动回水区。地形开阔、河道比降较小的水库，动库容相对较大。入库流量愈大，水库末端回水水面上翘愈高，动库容愈大。因此，当库区发生洪水时，动库容更为明显。一些大型水库实测结果表明，考虑动库容调洪比不考虑动库容调洪的结果更接近实际。

为有效地利用库容调洪，且不致造成人为洪灾，一般按下述原则进行洪水调度：

---

① 毛建. 水电站水库调度中的影响因素、运行与现代智能算法[J]. 科学与信息化，2017（6）：99-100.

（1）当无洪水预报时，宜按防洪标准，由小到大逐级调节；当洪水流量大于某一标准的洪峰流量且水库水位达到该标准的最高洪水位时，才允许按大一级的洪水进行调节。

（2）当有可靠的洪水预报时，可以在洪峰到来以前，预泄部分防洪库容，但要充分考虑到可能的预报误差，留有余地。

（3）对于常出现历时较长的多峰型的河流，一个洪峰过后，应在不造成人为洪灾的前提下，尽快腾空调洪库容。

二、水利工程调度的原则与内容

（一）水利工程调度的基本原则

水利工程调度应遵循的基本原则是，在保证工程安全的前提下，根据规划设计的合理开发利用目标及主次关系，考虑各种水利工程措施与非工程措施的最优配合运用，统一调度，充分发挥水利工程的除害兴利作用，使获得的国民经济效益尽可能最大；当遇到工程设计标准以上的特大或特枯水情时，要本着局部服从全局的原则，兴利服从防洪，经济性服从可靠性，使灾害损失或正常运行的破坏损失尽可能最小。

（二）水利工程调度的主要内容

水利工程调度的主要内容如下：

（1）制定和编制最优的水资源系统运行调度方案、方式和计划，根据面临的实际情况，进行实时的调度和操作控制，尽可能实现水资源共享系统的最优运行和调度。

（2）做好水资源系统运行调度实际资料的记录、整理和分析总结工作。

（3）开展与运行调度有关的其他各项工作，如收集工程、设备及水利枢纽上、下游特征等基本资料，组织有关建筑物和设备的运行特性试验，开展水文气象预报，建立和健全本系统及其组成单元的运行调度规程及各项管理工作的规章制度，进行有关的科学试验研究和技术革新等。

三、水库运行调度的方式分析

（一）调度在时空域内的划分

由于水电站水库在水利工程中占有举足轻重的地位，对其运行方式的研究是水资源系统运行调度的主体。一般将水电站水库的运行调度在时空域内划分为水电站厂内运行调度、短期运行调度、长期运行调度。

1. 水电站厂内运行调度

水电站厂内运行主要研究出力、流量和水头平衡，机组的动力特性和动力指标，机组间负荷的合理分配，最优运转机组台数和机组的启动、停用计划，机组的合理调节程序和电能生产的质量控制及用计算机实现经济运行实时控制等。

2. 短期运行调度

水电站短期运行调度主要研究和解决的问题是电力系统在短期（日、周）内的电力电量平衡，各水电站间、水火电站间负荷的合理分配，电网潮流和调频调压方式，备用容量的确定和接入方式，水电站水库日调节时上下游不稳定流对运行方式的影响，水资源综合利用和水电站运行方式之间的相互影响等。

3. 长期运行调度

长期运行调度通常是指在较长时间（季、多年等）内以水电站水库调度为中心，研究电力系统的长期电力电量平衡、设备检修计划安排、备用方式的确定、径流预报及分析、水库洪水调度和水库群优化调度等问题。

当从理论角度来研究和分析水电站经济运行方案时，应首先解决厂内经济运行方式问题，在此基础上研究短期最优运行方式，进而确定长期最优运行方式。在研究短期运行方式时，视一个电站为一个单元，认为厂内各动力设备的运行是按最优方式进行的，水电站的动力特性是在厂内经济运行的基础上获得的。在研究长期经济运行方式时，则认为厂内和短期都是按经济运行方式进行的，所具有的动力特性曲线叫作平均特性曲线，它是在厂内和短期最优运行方式的基础上绘制而成的。

然而，在实际实施调度时，则与运行方案编制过程相反，一般先考虑水文和负荷的长期预报，按长期最优运行方案制定出长期最优运行方式和计划，得到即将面临的短期（日、周、旬、月）的运行决策量（时段电量或平均出力、供水量或平均供水流量），再由此决策量制定短期最优运行方式和计划，得出更短时段（日、小时）及瞬时决策量，最后依据此决策量制定厂内机组的运行方式并进行实时操作控制。

制定短期最优运行方式，对具有短期（日、周）调节性能以上水库的水电站具有现实意义，长期最优运行方式的制定对具有长期（季、年、多年）调节性能水库的水电站更为必要。此外，当水库有防洪任务时，汛期应根据水库调蓄情况进行具体防洪调度。

为了充分发挥水电站及其水库的作用，最大限度地利用水能及水资源，获得尽可能大的综合运行效益，应当全面开展水电站长期、短期及厂内经济运行研究。若条件不具备时，可先单独开展某一项，也能获得经济效益。

（二）调度方式的划分及选择

调度方式可以分为兴利调度和调洪调度。

当库水位在汛期限制水位或正常蓄水位以下时进行兴利调度，在汛期限制水位以上时进行调洪调度。兴利调度方式根据水库所承担的调节任务选择。发电要求根据用电需要分配水量：汛期蓄水，枯水期补水；负荷低谷时蓄水或少补水，负荷高峰时补水。灌溉要求在灌溉期多供水（在我国一般是 4～10 月），且日内均匀，非灌溉期不供水。航运一般希望年内各月、各小时都均匀供水。寒冷地区冬季因冰冻无法通航，如中俄界河黑龙江的通航期为 5～10 月，对枯水期给水量没有要求。

调洪调度也有两类。若水库下游不要求水库调节洪水，则当库水位已蓄到汛期限制水位，而来水还在增长时，水库将尽可能泄水出库不蓄水，除非受泄水建筑物泄水能力限制才蓄水，当来水洪峰过后仍继续泄水直到库水位降到汛期限制水位时为止。若水库下游为减免洪灾损失而要求水库削减洪峰流量到某一安全泄量时，则水库按另一种调洪调度方式运行，即限制出库流量不大于安全泄量。后一种调度方式仅限于当库水位不高于防洪高水位时运用，当高出时仍按前一种调度方式运行。

对单纯发电的水电站，水库的兴利调度方式的选择在于选出各月的某一水位边际值。当库水位齐平或低于该边际水位时，水库按保证出力要求供水发电；高出时适当多供水发电。选择所遵循的准则是水电站要获得最大的电力、电量效益。

若水电站水库承担有其他供水任务（如灌溉、城乡工业生活用水、航运等）时，兴利调度方式的选择在于确定供水的主次关系和对次要任务供水量的满足程度。当水库的主要任务是发电时，调度方式确定的指导思想是：遇设计枯水年时首先满足发电用水，减少向其他部门供水，如减少到正常供水量的 50%～80%；若来水较丰（保证率较低）则满足各部门用水要求。具体方法也是选出各月水位边际值。当库水位低于该边际值时，水库按水电站的保证出力及其他部门用水的 50%～80%供水；当高于边际值时满足各方要求。若发电是次要任务则先满足主要任务用水，后满足发电用水。发电的出库流量在日内很不均匀而影响下游其他用水要求时：一种解决方式是发电日运行方式不变，在其下游建反调节水库协调矛盾；另一种解决方式是改变水电站运行方式，在负荷低谷时保持一定流量发电以满足其他用水要求。

调度方式选择涉及各部门或各地区的效益分配，一般通过部门或地区间的协商解决，也可根据国民经济整体效益最大原则选定。

四、水利工程的优化调度

水电站水库调度可分为常规调度（或传统方法）和优化调度。

水电站常规调度一般指依据规划设计的水库调度规则，如水库调度图或调洪规则，采用模拟的方法进行水库调度；优化调度则是以一定的最优准则为依据，以水电站为中心建立目标函数，结合系统实际，考虑其应满足的各种约束条件，然后用最优化方法求解由目标函数和约束条件组成的系统方程组，使目标函数取得极值。优化调度是指导水电站水库实现最佳控制运用的一种科学管理方法，能较充分地反映面临时段的决策对未来时期运行的影响，因而比常规水库调度方法优越。

在电力系统中，水电站实施优化调度，可在满足规定的综合利用要求下，获得增加发电量、提高保证出力和提高供电可靠性等效益。

（一）水库优化调度的划分

（1）按照优化期长度划分，可分为短期优化调度和中长期优化调度；短期优化的调度期一般在 5 天以内；中长期优化的调度期则可以是 5~10 天，也可以是 1 月、1 年，甚至多年。

（2）按照优化目标划分，可分为多目标优化调度和单目标优化调度。

（3）根据径流描述方法的不同，可分为确定性模型和随机模型两类。确定性模型假定调度期各时段的入流已知，而随机模型认为调度期各时段的入流服从一定的概率分布，且这种分布可根据已有的入流实测系列用统计方法预先确定。

（4）按照调度水库的数量划分，可分为单库优化调度和库群联合优化调度。库群联合优化调度是指两个以上水库的优化调度，因水库之间相互关系不一样，库群又可以分为不同的类型。

以发电水库为例，按径流和水力联系情况，电站群分为无水力联系水电站群（并联式水电站）、有水力联系的梯级水电站群（串联式水电站）以及这两者混合的水电站群（混合式水电站梯级水电站群的特点是各梯级水电站间的水头、流量有密切联系，而并联式水电站无此特点。

（二）水库优化调度的问题求解

针对不同的水电站水库优化调度问题，模型和求解方法也有所区别。从上述 4 种分类看，只有水库数量对模型的结构和求解的复杂性有本质影响，其他分类都可以统一起来。

（1）水库长期优化调度和短期优化调度的模型和求解方法，没有本质区别，只是由于目前短期水文预报精度较高，可以指导水库调度，短期优化调度一般采取确定性优化调度模型，而中长期水文预报的精度尚不尽如人意，难以指导水库调度，因此，中长期优化调度模型一般采取随机模型。

（2）目标的大小也不影响模型的结构和求解，多目标优化问题不存在唯一的最优解，而是非劣解集。具体做法包括：①将各目标的目标变量转化为无因次变量，再按各目标的重要性划分一定的权重，通过加权平均法，将多目标问题转化为单一目标问题；②只保留一个目标，将其他目标的要求变为求解这个目标最优模型的约束条件；③采用多目标仿生类算法（如多目标遗传算法），一次计算逼近非劣解边界。

（3）随机优化调度模型有两种：①显随机模型，该方法计算复杂，现在这种做法较少；②隐随机模型，用历史的或随机生成的径流系列来进行确定性优化计算，然后分析总结调度策略，形成优化调度函数或优化调度图。

（三）单库优化调度模型

单库优化调度模型相对简单，有比较成熟的求解方法，也是库群联合优化调度的基础。其优化准则常取调节周期（年）内发电量期望最大。对于确定性优化模型，早期应用的数学方法有等微增率法、变分法、多元函数求极值法等，近年来多采用线性规划法、梯度法、动态规划法（包括增量动态规划）、动态解析法、仿生类算法等。随机模型一般多采用马尔科夫决策规划（或称随机动态规划）。

（四）库群联合的优化调度

运用优化理论编制水电站水库群的优化运行策略，即确定水电站群在调度期内各时段的优化运行方式。库群联合优化调度模型比单库优化调度模型要复杂得多，求解的数学方法也不尽相同。

水电站群的各电站一般不是孤立的，而是互相联系的。水电站群之间的联系可以概括为：径流联系、水力联系和电力联系3种。单一水电站的发电能力受天然径流丰枯影响极大，水电站水库群联合调度可以弥补这个不足，其利用水电站和水库群之间水文不同步和水库调节性能的差别，取长补短，进行全系统水电站间相互补偿，以增加水电站群的供电能力。所以，水电站水库群联合优化调度远比单一水电站水库优化调度复杂。

迄今为止，严格利用马尔科夫决策规划求解库群联合优化调度的，在规模上不超过两个水库。三库以上水库群联合优化调度问题目前还没有得到完美的解决，不可避免地需要海量的计算，这种现象称为"维数灾"。

近年来，出现了一些解决水库群联合优化调度问题的新算法：改进动态规划法、网络流规划法、逐步优化法、神经网络法、遗传算法、蚁群算法、粒子群算法、人工鱼群算法等，后五种算法均属于仿生类算法。

目前，学术界解决水库群优化调度问题一般并不拘泥于追求最优解，而是在求解所花时间和解的优化程度之间取平衡，即在人可以接受的等待时间内，得到一定程度优化的解（称为"非劣解"）。

第二章　水利工程建设与生态环境

第一节　水利工程建设与生态环境的关系辨析

一、水利工程与生态环境的关系

"人们生活质量的提升，依赖于水利工程建设，而在实际水利工程建设的过程中，如果忽视生态效益，就可能出现失当的水利工程设计方案，不良的水利工程建设行为，这些都将会对于实际生态环境造成不同程度的负面影响"[①]。要正确处理修建大型水利工程与生态环境保护的关系，就必须科学地、实事求是地分析修建大型水利工程可能导致什么样的生态环境问题，生态环境制约的具体表现是什么，并结合实际对具体问题进行具体分析，分清主次，抓住关键，用科学的发展观、人与自然和谐相处的理念正确认识并妥善处理现阶段遇到的问题，确保我国水利事业快速、健康地发展。从普遍意义上讲，水利工程对生态环境的影响归纳起来主要体现在水利工程的兴建对水文情势的改变，对泥沙淤积和河道冲刷的影响，对局地气候、水库水温结构、水质、生地质、土壤和地下水的影响，对动植物及水域中细菌藻类、鱼类等水生物的影响，对上、中、下游及河口的影响。

（1）水利工程建设对自然环境的影响。修建大、中型水库及灌溉工程后，原先的陆地变成了水体或湿地，使局部地表空气变得湿润，对局部小气候会产生一定的影响，主要表现在对降雨、气温、风和雾等气象因子的影响。

（2）水库修建后改变了下游河道的流量过程，从而对周围环境造成影响。水库不仅存蓄了汛期洪水，而且截流了非汛期的基流，往往会使下游河道水位大幅度下降甚至断流，并引起周围地下水位下降，从而带来一系列的环境生态问题。

（3）对水体的影响。河流中原本流动的水在水库中停滞后便会发生一些变化。水库蓄水后，对水质可产生正负两方面的影响。其中，有利影响包括库内大体积水体流速慢，滞留时间长，有利于悬浮物的沉降，可使水体的浊度、色度降低。不利影响包括库内水体流速慢，藻类活动频繁，呼吸作用产生的二氧化碳与水中钙、镁离子结合并沉淀下来，降低了水体硬度，使得水库水体自净能力比河流弱；

[①] 盛奇. 浅谈水利工程建设对生态环境的影响[J]. 农业开发与装备，2021（2）：47-48.

库内水流流速小，透明度大，有利于藻类进行光合作用，坝前储存数月甚至几年的水，因藻类大量生长而出现富营养化。

（4）对地质的影响。修建大坝后可能会诱发地震、塌岸、滑坡等不良地质灾害。大型水库蓄水后可诱发地震。水库蓄水后水位升高，岸坡土体的抗剪强度降低，易造成塌方、山体滑坡及危险岩体失稳。水库渗漏造成周围的水文条件发生变化，若水库为污水库或尾矿水库，则渗漏易造成周围地区和地下水体污染。

（5）对土壤的影响。水利工程建设对土壤环境的影响有利有弊，一方面通过筑堤建库、疏通河道等措施，农田可免受淹没冲刷等灾害，拦截天然径流、调节地表径流等措施补充了土壤的水分，改善了土壤的养分和内热状况；另一方面水利工程的兴建使下游平原的淤泥肥源减少，土壤肥力下降的同时，输水渠道两岸渗漏使地下水位抬高，造成大面积土壤的次生盐碱化和沼泽化。

（6）对动植物和水生生物的影响。修筑堤坝使鱼类特别是洄游性鱼类的正常生活习性受到影响，破坏了鱼类的生活环境，严重的会造成鱼类的灭绝。水利工程建设使自然河流出现了渠道化和非连续化态势，这种情况造成库区内原有的森林、草地、农田被淹没在水底，陆生动物被迫迁徙。

二、对河流生态系统的影响

水是生态系统的重要组成部分，河流、湖泊中的水与生物群落（包括动物、植物、微生物）共存，通过气候系统、水文循环、食物链、养分循环及能量交换交织在一起。在社会生产过程中水利工程对社会经济有着巨大的作用，同时也要看到水利工程对河流生态系统造成了不同程度的影响。人类整治河道和修筑堤坝等活动改变了河流的多样性、连续性和流动性，使水域的流速、水深、水温、自水流边界、水文规律等自然条件发生重大改变，这些改变对河流生态系统造成的影响是不容忽视的。河流湖泊治理的目标是既要开发其功能性，也要维护流域生态系统的完整性，洁净的河流是一个健全生态系统的动脉。因此，在进行防洪工程规划时，应明确河流与其上下游、左右岸的生物群落处于一个完整的生态系统中，进行统一规划、设计和建设。

三、对水生态环境的影响

（一）改变水的流速

水利工程建设能够使天然形成的水环境状态发生不同程度的改变，这主要是因为水利工程项目建成后，周边的地质条件、地理环境以及水生生物和植物形态均发生了改变，水文条件以及河道水体均与以往不同。水利工程坝址的下游以及库区等水文情况均发生了改变，尤其是在施工建设期间，水利工程在河道节流、水体状态以及流程等方面发生了变化，工程项目建成截流后，与坝址临近的水体部分流速会明显增大。河道上游的水面较大，因而总体的水流流速较为缓慢，但是在水流流经下游时，由于受到水库等水利工程项目建设的影响，水流流速被调节，在丰水期，向下泄出的水流量会明显减少，水流流速也会明显减小，但是在枯水期，由于增大了流量，水流流速又会变快。

（二）改变水文条件

不同类型的水利工程项目在施工建设过程中，由于经济生产用途不同，因而实际的建造规模和形态也不同，对水生态环境的影响程度和影响内容也不同，但是水利工程建设对于水文条件的改变是显而易见的。水利工程建设属于人工实践性的工程活动，大型的工程项目建设在水域环境，会使河道的上下游总体地理形势发生改变，对于水路的动力提供形势也会有所影响，上游水动力不足，下游的水源供给就会明显不足，河流的径流被过度的人工化改变，断流情况易多发。

（三）改变水温和水质

水利工程项目在施工建设中，对周边的地理环境和水文形态等均会产生不同程度的影响，但是在水利工程建成后，水体水温和水质等也会发生变化，例如水库建成后，在水温变化中会出现分层现象，原水域中的相同水文现象出现的时间会变化。在水利工程项目建造期间，大型的机械设备和施工作业会产生较多的施工垃圾，这些施工垃圾或建材垃圾被人工大量排入水体中，会造成严重的水质污染；运行水利工程时，水库库区中会增加水环境的容量，水环境的纳污能力也会相应提高，使水体的浑浊度降低。但是在水利工程项目建成后，径流的改变，使上游水流流速和流量大大降低，加上人工排入大量的垃圾，增大了对水体水质的污染。

四、生态环境可持续发展

（一）遵循生态建设标准，提高生态建设能力

水利工程的可持续发展是要在满足当代需求和实现水利工程基本作用的前提下，不影响后代发展能力，能持续提供高质量的水利效益。生态建设的可持续发展需要在不产生危害的前提下来改善生活质量，减少生态环境的破坏。进行水利工程建设和开发时，要遵循生态建设的标准和要求，遵守生态环境规范，建设项目要满足可持续发展标准，并给出多项方案进行选择，综合评价环境影响，将正面效益最大化，降低其对环境的负面影响。

（二）结合环境工程设计，提高生态化水平

进行水利工程设计时，应当充分吸收环境科学技术的理论，实现水质与水量的同步，结合水环境污染，设置相对应的防治工程。生态水利要立足于水利工程建设和生态环境之上，将水量的高效利用和水质的有效优化进行有机结合，实现水利建设中的生态平衡。

（三）建立科学发展观，合理引导生态建设

要用科学发展的眼光来规划水利工程建设，转变传统的规划观念，调整开发思路，深化生态建设理念，做好水利工程的生态环境影响评价和环境保护设计，设置相关制度，加强对环境的检测。贯彻全面管理的思想，统筹考虑水利开发的规划管理，通过先进生态技术的支撑来完善水利建设的生态发展水平，减少对环境的破坏。

随着社会经济的快速发展，能源的可持续发展是未来面临的主要问题。水利工程建设作为经济发展的重要支柱，要从实际出发，保持和生态建设的同步性，在促进经济发展的同时，要能保证经济发展与保护生态环境步调一致，进一步调整人与环境的关系，实现人与自然和谐相处。

第二节　水利工程建设水环境功能与生态功能

一、水利工程建设水环境功能

（一）流域湿地水质净化功能

湿地与人类的生存、繁衍、发展息息相关，是自然界最富生物多样性的生态景观和人类最重要的生存环境之一，它不仅为人类的生产、生活提供多种资源，而且具有巨大的环境功能和效益，在抵御洪水、调节径流、蓄洪防旱、控制污染、调节气候、抑制土壤侵蚀、促淤造陆、美化环境等方面有其他系统不可替代的作用，因此湿地被誉为"地球之肾"。在世界自然保护大纲中，湿地与森林、海洋一起并称为全球三大生态系统。

湿地具有去除水中营养物质或污染物质的特殊结构和功能属性，在维护流域生态平衡和水环境稳定方面发挥着巨大的作用。

1. 天然湿地净化功能

流域湿地本身就是天然的生态系统，在一定程度上可以完成自我净化功能，

但是由于近年来农业经济的发展，人们在河内大量的作业活动，严重影响了湿地生态系统的多样性，使湿地难以完成水体的自我净化。

湿地的一项重要作用就是净化水体。当污水流经湿地时，流速减缓，水中的有机质、氮、磷、重金属等物质，通过重力沉降、植物、土壤吸附、微生物分解等过程，会发生复杂的物理和化学反应，这就像"污水处理厂"和"净化池"一样可净化水质。湿地在净化农田径流中过剩的氮和磷方面发挥着极其重要的作用。

随着农村经济发展需求的逐步提升，河流退化、污染增加、社会环保意识不强等问题也日益凸显，使得原有的湿地面临着越来越严峻的水质和水量安全问题。

2. 人工湿地净化功能

天然湿地是处于水陆交接处的复杂生态系统，人工湿地则是为处理污水而人为设计建造的、工程化的湿地系统，是近些年出现的一种新型的水处理形式，其去除污染物的范围较为广泛，净化机制十分复杂，综合了物理、化学和生物三种作用，供给湿地除污需要的氧气；同时基于发达的植物根系及填料表面生长的生物膜的净化作用、填料床体的截留及植物对营养物质的吸收作用，而实现对水体的净化。

人工湿地具有投资小、能耗低、维护简便等优点。人工湿地不采用大量人工构筑物和机电设备，无需曝气、投加药剂和回流污泥，也没有剩余污泥产生，因而可大大节省投资和运行费用。同时，人工湿地可与水景观建设有机结合。人工湿地可作为滨水景观的一部分，沿着河流和湖泊的堤岸建设，可大可小，就地利用，部分湿生植物（如美人蕉、鸢尾等）本身即具有良好的景观效果。

（二）大型水库水质净化功能

1. 静水不腐

为什么流进水库的普通河水会变成有点甜的优质矿泉水，这让人们始终疑惑不解。经过考察分析发现，河流的水质净化作用与水库的水质净化作用有着本质的区别。尽管就净化水质的效果而言，很难笼统地比较水库和激流孰优孰劣，但是，对于大型水库，其净化水质的效果明显优于任何激流河段。要理解这一现象，要从分析水污染与河流、水库自净能力的机制入手。

根据水污染的有关分析，水污染主要分为死亡有机质污染、有机和无机化学药品污染、磷污染、重金属污染、酸类污染、悬浮物污染和油类物质污染等。一般来说，有机污染、磷污染、油类物质污染、酸类污染等类型的污染都可以通过与水体中的氧发生氧化作用而得到缓解。因此，这类水污染通常被称为化学需氧量。河流水污染通常可以分为化学需氧量和悬浮颗粒物两大类。

我们常说"流水不腐"。激流河段确实有较强的水体净化能力,但这主要是针对水体中的化学需氧量而言的。这是因为,流动的水的表面与空气有更多的接触,能增加水体中的含氧量,有利于中和水体中的化学需氧量。所以,通常来说流动的水比静止的水具有更强的水体自净能力。但是,流动的水也不是总会增强水的自净能力,对于悬浮颗粒物类的水污染,则需要用沉淀的方法才能使其净化。

由此可见,净化水质一方面要通过扰动增加水体中的含氧量,中和化学需氧量;另一方面又要通过沉淀减少水体中的悬浮颗粒物和重金属含量。

相对于天然河流来说,激流只能通过曝气达到中和化学需氧量的效果,无法利用沉淀的净化作用。但是,大型水库则有可能产生既降低水体中化学需氧量,又沉淀悬浮颗粒物的水体净化的双重作用。这是因为,水库对化学需氧量污染的净化机制完全不同于天然河流中的增加水体含氧量的去污方法。

2. 生态链转化

水体中的化学需氧量过量常被称为"富营养化",也就是说化学需氧量其实就是水体中的某种营养物质。这种营养物质通常可以促进藻类和水生植物的生长,对于大型水库来说,由于水环境容量巨大,不仅藻类和水生植物都有着较大的生存空间,而且靠食用藻类和水生植物生长的鱼类的数量也非常大。水库水生态系统的正常运转,水生植物和藻类在生长过程中通过光合作用产生了大量的氧气,水生动物又通过食用水生植物和藻类把它们变成动物蛋白,这样通过水库中的有机生物链把大量的化学需氧量转变成各种渔产品的动物蛋白。人们通过不断的捕捞、食用水库中的渔产品,就消耗掉了水体中的化学需氧量。

可见,大型水库虽然不能靠水的快速流动增加水体中的含氧量,但是具有非常强的中和水体中的化学需氧量污染的能力。因此,只要进入大型水库的水体污染物被控制在一定的范围之内,大型水库就具有同时净化化学需氧量和悬浮颗粒物的双重作用。这也就解释了为什么新安江水库具有任何天然河流都不可能具有的超强的水体净化能力。

当然,也不能否认现实当中确实有一些河流建设水库之后水质变得更差。这一方面是由于上游和当地污染物排放没有得到有效的控制,过量的污染物排放超过了水库的自净能力,一旦水库中的有机生物链崩溃,水库不仅失去了净化作用,反而变成了一个大的污水"发酵"池;另一方面也可能是因为水库的库容较小,没有足够的水环境容量,无法让水库形成的水生态系统和生物链消耗掉水中的营养物质,所以,一般来说大型水库的水质净化作用会更加明显。

二、水利工程建设生态功能

（一）河流生态治理

关于河流生态治理我们要从以下几个方面进行认识和理解。

1. 河流生态修复的原则

（1）保护优先，科学修复原则。生态修复不能改变和替代现有的生态系统，要以保护现有的河流生态系统的结构和功能为出发点，结合生态学原理，以河流生态修复技术为指导，通过适度的人为干预，保护、修复和完善区域生态结构，实现河流的可持续发展。

（2）遵循自然规律原则。尊重自然规律，将生态规律与当地的水生态系统紧密结合，重视水资源条件的现实情况，因地制宜，制定符合当地河流现状的建设和修复方案。

（3）生态系统完整性原则。生态系统是指在自然界一定的空间内，生物与环境之间不断地进行着物质循环与能量流动的过程，而形成的统一整体。完整的生态系统能够通过自我调节和修复，维持自身正常的功能，对外界的干扰具有一定的抵抗力。要考虑河流生态系统的结构和功能，了解生态系统各要素间的相互作用，最大可能地修复和重建退化的河流生态系统，确保河流上下游环境的连续性。

（4）景观美学原则。河流除能满足渔业生产、农业灌溉和生活用水外，还能为人类提供休闲娱乐的场所，无论是深潭还是浅滩，无论是水中的鱼儿还是嬉戏的水鸟，都能给人带来美的享受。河边的绿色观光带也为人类提供了一幅幅美丽的画卷。因此，河流生态系统的修复，还应注重美学的追求，保持河流的自然性、清洁性、可观赏性以及景观协调性。

（5）生态干扰最小化原则。生态修复过程会对河流生态系统产生干扰，为了防止河流遭到二次污染和破坏，需合理安排施工期，严格控制施工过程中产生的废水、废渣，保证在施工修复的过程中，河流生态系统所受冲击降到最低，至少得保证不会造成过大的损害。

2. 我国河流的现状

（1）水质恶化。随着我国经济的快速发展，我国水环境污染日趋严重，特别是河流和湖泊的污染，呈现出不断恶化的趋势。

（2）自然河流渠道化。为了利于航行或者行洪，在河流的整治工程中，总是人为地将一些蜿蜒曲折的天然河流强行改造成直线或者折线型的人工河流，这样就失去了弯道与河滩相间以及急流与缓流交替的格局，改变了河流的流速、水深和水温，破坏了水生动物的栖息条件，也使河流廊道的植被趋于单一化，降低了植物多样性，再加上在堤防和边坡护岸进行硬质化，虽然利于抗洪，但是隔断了地表水与地下水的联系，使大量水陆交错带的动植物失去生存的条件，也破坏了鱼类原有的产卵场所。

（3）自然河流非连续化。人为的构筑水坝使原来天然的河流变成了相对静止的人工湖，导致大坝下游河段的水流速度、水深、水温以及河流沿岸的条件都发生了改变，破坏了河流原有的水文连续性、营养物质传输连续性以及生物群落连续性，使沿河的水陆生物死亡，引起物种消失和生态退化现象。

3. 河流生态治理效果

（1）恢复河流自然蜿蜒特性。天然的河流一般都具有蜿蜒曲折的自然特征，所以才会出现河湾、急流、沼泽和浅滩等丰富多样的生态环境，为鱼类产卵以及动植物提供栖息之所。但是，人类为了泄洪和航运，将河道强行裁弯取直，进行人工改造，使自然弯曲的河道变成直道，破坏了河流的自然生态环境，导致生物多样性降低。因此，在河流生态修复的过程中，应该尊重河流自然弯曲的特性，通过人工改造，重塑河流弯曲形态，还能通过修建弯曲的水路、水塘，创造更丰富的水环境。

（2）生态护岸技术。生态护岸是一种将生态环境保护与治水相结合的新型护岸技术，该技术主要是将石块、木材以及多孔环保混凝土和自然材质制成的亲水性较好的结构材料修筑于河流沿岸，对于防止水土流失、防止水土污染、加固堤岸、美化环境和提高动植物的多样性具有重要的作用。生态护岸集防洪效应、生态效应、景观效应和自净效应于一体，不仅是护岸工程建设的一大进步，也将成为以后护岸工程的主流。因为生态护岸除了能防止河岸坍塌外，还具备使河水与土壤相互渗透，增强河道自净能力的作用。

（3）改善水质。改善河流的水质状况是河流生态修复的重点。研究方法一般有物理法、化学法、生态与生物结合法。其中，生态与生物结合法是比较常见的，也是最普遍、应用最广泛的方法。生态与生物结合法主要有人工湿地技术、生物浮岛技术和生物膜技术等。

（4）河流生态景观建设。河流生态景观建设是指在河流生态修复过程中，除致力于水质的改善和恢复退化的生态系统外，还应该使河流更接近自然状态，展现河流的美学价值，注重对河流的美学观赏价值的挖掘。在修复河流的同时，也为人类提供了一片休息娱乐的场所。

随着人们对河流认识的加深，关于河流治理的呼声越来越高。我国在河流生态修复方面还处于技术研究的阶段，还需要在河流生态修复实践过程中不断地积累经验，逐渐形成完善的河流生态修复体系，最终实现河流的生态化、自然化。

4．河流生态治理措施

（1）修复河道形态。修复河道形态，即采取工程措施把曾经人工裁弯取直的河道修复成保留一定自然弯曲形态的河道，重新营造出接近自然的流路和有着不同流速带的水流，恢复河流低水槽（在平水期、枯水期使水流经过）的蜿蜒形态，使河流形成既有浅滩，又有深潭的水体多样性，以利于保持生物多样性。

（2）采用生态护坡：植物护坡；抛石、铺石护坡。

（二）我国河流管理政策评估

1．发展现状

人类对河流的过度开发利用引起了严重的水环境和水生态问题，不仅影响了河流自身的健康，也削弱了河流对经济社会的支撑能力。为满足河流生态系统健康和可持续发展的要求，并满足人类社会对河流环境的需求，我国对长江、黄河、珠江、淮河等七大流域加大管理力度，各地方出台政策，对河流进行开发与保护。

2．改善和建议

（1）河流流域规划下的行政区划分工。由于河流自身的整体性以及其影响的广泛性，因此应该以河流流域管理为出发点，围绕大江大河流域本身形成的一个个完整的生态系统，进行水资源的开发、利用和保护。这一改变能够更好地协调河流利益相关者，减少局部性的破坏和污染对整条河流的影响，当然，强化以河流流域为单位的管理，其政策的制定和执行需建立在必要的法律和制度保障上，特别是受益者补偿原则的落实，从而尽可能减少上游开发、下游获益的问题。

（2）适速开发，生态为先。我国目前的河流管理多以开发利用为导向，这在经济层面上看确实有利于地区的发展，但河流一旦陷入污染严重、生态破坏的境况，其治理恢复所需要的成本和时间远远超过开发所需。因此，我国应该建立起一套河流评估体系，对河流进行体检评定，按重要程度分出等级，依次开发，以对当前没有必要马上利用的河流形成更有针对性的保护。

第三节 水利工程建设的生态环境效应分析

一、矿山开采的生态环境效应

1．矿山开采的生态环境效应分析

（1）诱发地质灾害。由于地下采空，地面及边坡开挖影响了山体、斜坡的稳定，往往导致地面塌陷、开裂、崩塌和滑坡等频繁发生。而矿山排放的废渣堆积在山坡或沟谷，废石与泥土混合堆放，使废石的摩擦力减小、透水性变小，而出现溃水，在暴雨时极易诱发泥石流。

（2）水文水资源恶化。水文地质条件发生变化与水质污染以及矿区塌陷、裂缝与矿井疏干排水，使矿山开采地段的储水构造发生变化，造成地下水位下降，井泉干涸，形成大面积的疏干漏斗；地表径流的变化使水源枯竭，水利设施丧失原有功能，直接影响农作物耕种。同时，矿山开采过程中产生的矿坑水、废石淋滤水等，一般较少能达到工业废水排放标准，严重影响水生生物的生存繁衍与人畜生活饮用。

（3）土壤退化与污染。由于表土被清除，采矿后留下的通常是新土或矿渣，加上大型采矿设备的重压，往往使土壤坚硬、板结，有机质、养分与水分缺乏。而地面塌陷导致地下水位下降、土壤裂隙产生，土壤中的营养元素也随着裂隙、地表径流流入采空区或洼地，造成多处土壤养分短缺，土壤承载力下降。

矿山固体废渣（煤矸石等）经雨水冲刷、淋溶，极易将其中的有毒有害成分渗入土壤中，造成土壤的酸碱污染（主要是强酸性污染）、有机毒物污染与重金属污染，而土壤的纳污和自净能力有限，当污染物超过其临界值时，土壤将向外界环境输出污染物，其自身的组成结构与功能也会发生变化，最终导致土壤资源的枯竭。并且，土壤污染在地表径流和生物地球化学作用下还会发生迁移，破坏毗邻地区的环境质量，受污染的农产品会通过食物链危害人体健康。

（4）水土流失加剧。矿山开采直接破坏地表植被，露天矿坑和井工矿抽排地下水使矿区地下水位大幅度下降，造成土地贫瘠，植被退化，最终导致矿区大面积人工裸地的形成，极易被雨水冲刷。排土场和尾矿占地，地面形成起伏及沟槽，增加了地表水的流速，使水土更易移动，冲刷加剧。

（5）生物多样性受损。植被清除、土壤退化与污染、水土流失，对矿区生物多样性的维持都是致命打击，严重威胁了动植物的生存。

2. 矿区生态恢复技术

（1）矿区土壤重金属污染治理。国内外矿区土壤重金属污染治理主要包括物理、化学和生物治理技术三类。其中，生物治理技术包括微生物修复技术、动物修复技术与植物修复技术，其设施简便、投资少、对环境扰动小，被认为是最有利用价值的方法。

（2）矿区土壤培肥改良技术。土壤培肥改良技术就是对土壤团粒结构、pH等理化性质的改良及土壤养分、有机质等营养状况的改善，这是矿区生态恢复的最终目标之一，具体包括以下方面：

1）表土转换。在采矿前先把表层及亚表层土壤取走并加以保存，待工程结束后再放回原处，这样虽破坏了植被，但土壤的物理性质、营养条件与种子库基本保持原样，本土植物能迅速定居。

2）客土覆盖。废弃地土层较薄时，可采用异地熟土覆盖，直接固定地表土层，并对土壤理化特性进行改良，特别是引进氮素、微生物和植物种子，为矿区重建植被提供了有利条件。

3）土壤物理性状改良。其目标是提高土壤孔隙度，降低土壤容重，改善土壤结构，短期内可采用犁地和施用农家肥等方法。

4）土壤 PH 值改良。对于 PH 值不太低的酸性土壤可施用碳酸氢盐或石灰来调节酸性，增加土壤中的钙含量，改善土壤结构。

5）土壤营养状况改良。主要包括化学肥料、有机废弃物、固氮植物、绿肥、微生物等。

（3）矿区植被的恢复。根据矿区的气候和土壤条件，植被筛选应着眼于植被品种的近期表现，兼顾其长期优势，植物品种的选择首先要根据生物学特性，考虑适地适树原则，尤宜选择根系发达、固土固坡效果好、成活率高、速生的乡土植物。在配置植物时要考虑边坡结构、种植后的管护要求、自然条件等，以确定种植的形式和品种。同时要考虑其是否与设计目的相适应，是否与附近的植被和风景条件相适应。

1）固体废弃物拦挡工程。在堆弃场地建设挡渣墙、拦渣坝和排水工程等，进行拦挡与防漏处理。

2）坡面排水工程。对影响矿山安全的坡面，根据坡长分段布设截流沟、排洪渠等工程，并配以防护林草带，增加植被覆盖，减少坡面径流对地表的冲刷，保证矿业生产安全运行。

3）边坡防护工程。对于矿山开采形成的各类边坡，除尽可能采取措施恢复植被外，根据边坡稳定程度及对周围的影响，采取相应的工程措施进行防护。坡面防护根据坡度不同而采用石砌护坡或植被护坡。

4）土地整治工程。对矿山生产过程中产生的大量废石堆、废弃工业场地及尾矿库，采取排蓄结合的办法，排水拦渣，有效地解决"三废"污染问题。同时对服务期满的弃渣场、尾矿库采取复垦措施，以提高土地利用率。

5）植被恢复工程。对各类裸露面，根据具体情况，采取不同的措施，以加速植被恢复。

矿山开采极大地改变了原生景观生态系统，导致矿区生态退化与环境污染。针对矿区生态环境特点，我国当前矿区生态恢复的典型技术体系主要包括矿区土壤污染的治理及土壤环境质量的改善、矿区植被的恢复、水土流失的综合治理等。

必须强调的是，矿区生态恢复不仅仅是一个技术工程层面的问题，而且与矿区的社会经济发展密不可分，是一项融合了社会、经济、资源与环境的系统工程。因此，矿区土地复垦是以人类发展为核心，对土地自然、经济与社会属性的综合整治，在消除环境危害的同时能够重建生态平衡。

二、土地整理活动的生态环境效应

（一）土地整理的生态环境影响因素

1．土地整理的特性

土地整理工程项目就是指在项目区开展的以平整土地、修建农田水利设施以及田间道路为主的建设工程，土地整理工程项目通常以工程的方式开展，例如耕地整理的工程包括土地平整工程、田间道路工程、农田水利工程以及其他工程；土地平整工程一般包括土石方开挖、土石方运输、土石方回填和平整土地等。在工程实施过程中必然会打破土地整理区域内的土地资源的原位状态，必然会对该区域内的生态环境要素产生很大的影响，例如土地平整工程会改变整理区域中的微地貌，而农田水利工程则会影响整理区域中盐类和水分的分布和迁移，因此土地整理工程的规模、性质、管理水平等特性必然会成为影响区域生态环境的因素之一。

2．景观格局的变化

土地景观是由廊道、斑块以及基质所组成的一系列生态过程和土地利用方式的镶嵌体，而土地整理工程也就是人为促使原来土地景观格局发生变化的过程，例如在耕地的整理中会对田块形状、田块面积进行一定改造，同时可能会对沟渠和道路等进行重新布设，而田块通常被认为是景观空间格局中的斑块，道路和沟渠可以被认为是景观格局中的廊道，因此在土地整理前后，景观格局的变化也应是影响区域生态环境的重要因素之一。

3．土地利用类型结构的变化

土地整理工程的基本目标之一就是优化土地利用方式，因此在土地整理过程中必须对土地覆被和土地利用类型进行必要的调控，这就导致土地覆被和土地利用类型发生重大的变化，而土地利用规模、土地利用方式及其分布布局的变化又会对区域生态环境产生重大影响。

（二）土地整理生态环境效应分析

1．农田排灌工程对土壤环境的影响

良好的土壤排水系统一般能够带走土壤中多余的盐分，可以使土壤的物理性

质得到改善,使土壤中的盐渍化得到缓解,因此排水良好的土壤不容易受到侵蚀,而且土壤排水系统还减少了水饱和土壤的面积,限制了排水洼地的范围,减轻了内涝风险,但是排水工程对土壤也会有很多不良影响,具体表现为:若排水系统排水强度过高,则会使河道洪峰提前出现、地表径流加快,这样一来就增加了泛滥的危险。另外,由于水的侧压和静水压力补偿作用,排水系统干渠两侧的地下水位被抬高,反而引起两侧土壤返盐现象。

2. **土地平整工程对生态环境的影响**

由于土地平整工程的工程量较大,在工程的实施过程中往往会使用一些大型机械,如铲平机、推土机和刮平机等,正是由于大型机械的使用和机械化的挖填过程,有可能会破坏表土熟化层,造成土壤板结。目前的研究表明,在已经进行了平整的土地中,从挖方地块到填方地块,土壤中速效氮、速效磷、速效钾以及土壤有机质含量都有明显的减少,而且在土地平整过程中,采用不同工程措施对土地进行整理后,其土壤性状也会有较明显的差异。

3. **交通用地对生态环境的影响**

交通用地增加,必然会引起噪声和废气污染的增加,废气会降低空气的清新度,由此产生的噪声则降低了局部环境的静谧度,同时交通通道作为廊道也为物种的入侵提供了可乘之机,有可能会破坏生态系统的完整性和生物生存环境,而且会减少表土层的放线菌、细菌和真菌数量。

4. **土地格局变化对生态环境的影响**

在土地整理工程中应尽量使田块形状规则、整齐,以便于机械耕作和规模经营,一般应将不规则的地块整理成为规整的长方形,土地整理工程的主要目的之一就是使农田集中和连片,以便于管理与机械化操作。因此,在对土地进行整理后,可以使田块的连片程度提高、土地规模扩大以及田块的破碎度降低,田块破碎化则表现为田块的数量增加而总体面积减少,田块形状趋于不规则,在土地整理后,由于田块规模扩大,零散的田块得到归并,因此田块的破碎度就会降低。

从生态学的意义来看,土地整理工程是一个打破原有生态环境系统,再重建新系统的过程。由于土地整理工程还需要借助一系列生物工程措施,尤其是在对水田、道路、树林等版块进行综合整治的过程中,将不可避免地对土地整理区域和背景区域的水环境、水资源、植被、土壤、大气、微生物等环境要素以及其他生态过程产生诸多有利或有害、直接或间接的影响。

因此,在土地整理工程中,相关人员应明确辨别影响生态环境的因素,同时要预测各生态环境影响因素对区域生态环境影响的程度和性质,并对工程可能产生不良影响的因素进行充分的评估和预测，这样才能使土地整理工程真正成为实现土地可持续利用的有效手段，同时土地整理的理论研究也可以为土地整理决策提供必要的技术支持。

三、区域产业结构变动的生态环境效应

各类产业包括种植业、林业、畜牧业、渔业、轻工业、重工业、建筑业、运输业和其他产业。进行产业结构变化的生态环境效应评价的步骤如下：

（1）以不同类型产业发展对生态环境影响幅度与深度的差异为依据，衡量各类型产业发展对生态环境影响的相对强度，建立产业结构与区域生态环境质量的关联。依据各产业发展对区域土地、水、大气、土壤与生物等主要生态环境要素影响或干扰方式与程度的不同，对不同产业类型的生态环境影响在区间内赋值，定义为不同产业类型的生态环境影响系数，反映各产业单位产值和生态环境影响之间的比例关系。

（2）对研究区各产业类型的产值比例，依据其相应的生态环境影响系数进行加权求和，得到区域产业结构的总体生态环境影响指数，定量表征一定产业结构对区域生态环境的总体影响或干扰状况。

（3）比较生态环境影响指数在不同时期的数值差异，定量综合评价区域产业结构变化的生态环境效应。

四、城市化过程中土地利用变化的生态环境效应

（一）土地利用变化的生态环境效应

由于城市人口快速增容，城市建设速度进一步加快，土地利用中存在的生态环境问题日益凸显。城市建设导致农田生态系统的破坏，大大降低了自然生态系统对污染物的降解能力，从而使城市生态环境变差。

1. 对气候的影响

城市化进程中，由于温室气体的大量排放以及城市土地利用类型和结构的改变，地面反射率、植被覆盖率、地表粗糙度发生了显著变化，引起区域大气的物理性状发生变化，改变了城市及其周边的气候。由于城市土地利用变化对区域大气性状的影响，城市不仅产生了"城市热岛"现象，还出现了"城市旱岛"和"城市干岛"现象。

2. 对土壤的影响

城市化进程中，随着产业结构转化和升级，城市及其郊区土壤环境都将受到

一定的污染。土地利用变化还会改变地表结构，加速水土流失。例如道路建设中的路面硬化，会改变地表原有土壤的结构及性质，使得土壤的生态功能发生变化。城市化进程中水土流失现象也较为普遍，带来了严重的地质灾害隐患。

3．对水文的影响

土地利用变化对水文的影响主要表现在对水质与水量的影响。城市过度引水和开采地下水，导致地表水几近干涸，地下水位下降。同时不合理、不及时、不彻底地处理固体、液体废物，会造成水体污染。另外，城市用地不同程度上改变了水网的面貌，基于个人利益考虑，往往表现为对天然水域边缘的侵占，由此导致生态容量降低、汛期泄洪不畅、防洪风险增加等一系列问题。

4．对生态系统的影响

一个区域生态系统的稳定程度是衡量区域生态环境情况的重要标志。农田正被城镇建设用地分成规模越来越小、数目越来越多的斑块，农田生态系统受到了严峻的威胁。另外，土地覆被变化，破坏了野生动植物的生存环境，迁移缓慢的物种和处于食物链顶端的大型动物逐渐在平原区销声匿迹。苇田、沼泽水域面积也大幅减少，严重影响了栖息于此的野生动植物的多样性。

（二）土地利用的建议

在城市化进程中，城镇建设用地扩张及土地利用类型的转变，引发了一系列的生态环境问题，要确保城市与生态环境的可持续发展，在土地利用方面建议：

（1）加强土地的集约利用，提高土地利用综合效益。当前地区土地利用粗放，浪费现象较为普遍。例如市区现存的不少"城中村"和效益较差的老企业，往往占地较广而土地利用效率不高；近郊由于盲目扩建开发区、大学城等，存在不少闲置土地，土地使用和管理混乱且浪费严重。针对这些问题，应适度采取措施提高城区建设用地容积率，例如对"城中村"采取改造的方式释放土地，通过企业改组、土地置换等措施回收部分利用效率低的土地，还可采取地上地下空间式开发来减少建设用地的外延式扩张。

（2）合理规划，实施有别式开发利用政策。科学、合理的城市规划，不仅可以节约土地，还能有效保护区域的生态环境，实现利益最大化。结合某地的具体情况，规划不同生态功能区进行有别式开发。例如在水源地、自然保护区或生态脆弱区，应该严厉禁止污染企业以及房地产等进行营利性土地开发；在平原上的农业生态区，土地开发应尽量少占或不占耕地，土地开发中严格落实土地法中的耕地占补平衡制度。

（3）增加城市基础设施投入，加强城市生态环境建设。通过适量增加交通用地,扩大城区绿地面积,提升城市的品质与综合竞争力。一个城市的生态环境质量,决定了城市的后续发展潜力以及市民生活舒适性和满意度,通过不断加强城市生态环境建设,使城市发展与生态环境协调相融,最终实现人与自然的和谐相处。

五、经济转轨中的生态环境效应

(一)计划经济的生态环境效应

1. 资源过度利用

计划经济形成了个人理性与集体经济的偏离,由于不存在资源的私有产权,工厂经济不必为其使用的土地和资源付费,这就导致了对资源的过度使用。从理论上讲,计划经济体制可以避免外部性问题,只有按照自己的方式处置资源时,真正的"公地悲剧"才会产生。整个社会或者多个单位共同占有公共资源,公共资源的产权清晰而使用权模糊,经济主体往往以较小的成本就可以获取公共资源,最终会使公共资源枯竭、计划体制对资源的配置效率低下和企业将追求利润作为经济业绩,也浪费了大量的资源、污染了生态环境。此外,计划经济体制下,资源、生态环境政策、制度、观念不完善,往往导致资源的过度使用和生态环境污染。

2. 重工业优先发展的负作用

重工业结构是生态环境效应考虑的主要因素,是影响生态环境质量的主要驱动因子。纵观实行计划经济体制的国家,重工业优先发展战略是计划经济时期的重要特征之一。重工业的发展不仅消耗了大量的资源,而且使生态环境破坏严重。重工业一般具有两大特征:一是高污染的特征,传统的重工业发展模式往往是粗放的、外延式的,重工业的过度发展造成本来已经很脆弱的生态环境加速破坏;二是资源的高消耗特征,重工业的加速发展必然使得本来已经非常短缺的水、土、煤、电、油等基本资源高度紧张,企业的正常生产和群众的正常生活都受到负效应的影响。

(二)市场经济的生态环境效应

1. 市场经济体制生态环境正效应

(1)市场机制有利于提高资源配置和利用效率。市场经济最重要的特征就是市场机制或称为价格机制,市场机制在反映资源稀缺性、提高资源更有效率的利用方面发挥着重要的作用。微观层面上,企业对于市场上的价格信号能够作出灵敏的反应,市场价格的波动及时地反映出市场对各种产品的需求以及各种资源的稀缺程度,通过企业的自发行为,促使生产要素流动,经过一定的过程,资源得到优化配置,从而提高了生产效率和经济效益。宏观层面上,由于坚持了市场对资源配置的基础性作用和宏观调控，价格信息真正能够在资源配置中起导向作用，市场经济体制资源配置较计划经济体制效率高。

以水资源为例，市场发育程度越高，水资源配置效率越高，反之越低。粗放使用不但加剧了水资源的浪费，还造成了土地盐渍化和地面沉降等生态环境问题。市场经济体制下水资源有偿使用，法律、办理办法等明确规定了各类用水全面实行有偿使用，不仅使供水单位取得了明显的经济效益，而且对节水工作的开展、提高用水利用效益，均起到了经济杠杆的作用。市场机制促进了非国有企业的发展，集体、三资、私营等各种产权类型的企业大量出现，这些企业是市场经济的主体，在能源、原材料的需求上展开了竞争。市场机制的引入建立了资源市场，在价格机制的引导下，市场在资源配置中的作用不断扩大。

（2）市场化有利于经济增长方式的转变。市场经济体制下的全要素增长率和产出增长的贡献率远高于传统经济时期，这将有利于生态环境质量的改善。经济体制和运行机制对经济增长方式制约性更大，这种制约性不仅反映在微观层次的企业经营机制上，而且体现在宏观层次的经济调控体系和调控手段上。传统集权的计划经济体制因其忽视个人利益和经济激励、排斥市场制度与市场机制，因而不仅会因为缺乏技术创新、缺乏高效率的激励和动力机制而内生出粗放型经济增长方式，而且决定了这种增长方式的锁定状态。上述观点表明，经济体制转变和增长方式的转变应该是同步的，市场化程度的提高有利于促进经济增长方式的转变。

市场化可以促进经济增长方式的转变：①市场经济体制有利于形成灵活、准确反映各类自然资源相对稀缺性的价格体系，逐渐替代过去计划经济体制下形成的不合理的资源价格体系，从而为自然资源的合理开发、利用和优化配置提供前提，目前价格几乎全部决定市场上供求变动的产品，受指令性价格影响的工业品占工业总产值的份额较低；②市场经济体制有利于调整产业结构，通过市场调整，形成有别于计划经济体制的高度化和协调化的产业结构；第三，市场经济体制有利于促进企业研发和采用新技术以在竞争中保持优势，以提高资源配置效率和降低生态环境污染程度。

（3）市场化有利于生态环境经济政策的实施。生态环境政策是协调发展与资源生态环境之间矛盾的手段，同时也是可持续发展战略的延伸和实现其发展目标的重要调控手段。生态环境政策包括生态环境经济政策、生态环境法规制度和生态环境公众参与等三方面。目前，已形成了独具特色的生态环境经济政策，主要包括排污收费、排污权交易、生态补偿、资源生态环境税收等，生态环境经济政策的实施在降低生态环境保护成本、提高行政效率、减少政府补贴、扩大财政收入以及提高公众生态环境意识等诸多方面，取得了较好的效果。在向市场经济体制渐进的改革时期，这些带有鲜明时代特色的生态环境经济政策与市场经济手段相结合，比较有效地缓解、控制了污染排放。目前，主要存在两种手段：①政府干预的方式解决环境问题的经济手段，如环境资源税、环境污染税或排污收费、环境保护补贴、押金退款制度等；②市场机制的方式解决环境问题的经济手段，如自愿协商制度、污染者与受污染者的合并、排污权交易制度等。

2. 市场经济体制生态环境负效应

市场经济体制相对于传统经济体制在经济发展、生态环境保护方面发挥出更大的作用，但市场经济体制调节也存在缺点，主要有：①只能解决微观经济平衡问题，不能解决宏观经济平衡问题；②市场机制只能反映现有的生产结构和需求结构，而不能反映国民经济发展的长远目标和结构；③市场机制的有效作用是以充分竞争为前提的，而现实条件下由于信息不透明和垄断等因素难以实现充分竞争；④许多社会消费的公共产品难以通过正常的市场价格机制加以分配以及生态环境资源本身的公共物品属性使得市场经济并不能解决所有的生态环境问题，相反有些资源生态环境问题反而在市场经济的作用下变得更加恶化。

生态环境和资源往往属于公共财产，破坏生态环境、浪费资源将会给他人和社会带来外部不经济性，却可以降低生产者的边际私人成本和增加消费者的边际私人效应，换句话说，对于外部性的生态环境和资源问题来说，市场机制是不起作用的，另外市场机制往往只能反映目前利润和局部利益，难以解决长远利益和整体利益，因此市场经济难以解决可持续发展的问题。我国的经济体制转变用了较短的时间，而西方发达国家的经济体制转变用了上百年的时间，我国的市场经济体制在制度方面还有很多不足之处，生态环境污染和资源消耗往往给他人和社会带来外部不经济性，却能给企业和消费者带来当前与局部利益，然而企业和消费者行为的不规范就表现为生态环境恶化和资源浪费。

经济转轨带来生态环境效应的变化。判定经济体制是否与区域生态环境相适应的标准在于：一是自然资源的开发利用是否合理、高效；二是生态环境系统是否健康；三是生态环境系统是否能实现良性循环。为实现生态环境正效应的持续，不能沿袭传统的制度机制和管理方式，必须建立完整的、与区域发展要求相适应的制度体系和管理模式，在经济体制及其运行机制的变革中，要根除计划经济所遗留的消极烙印，积极实施市场经济体制，而且要改善、戒除"公地悲剧"，推进产业结构合理化，公共资源管理政府、市场综合化、微观经济问题管理机制与宏观经济问题调控协调化等，面对日趋强化的资源环境约束和经济转轨过程中生态环境负效应带来的压力，必须增强危机意识，树立绿色、低碳发展理念，加快市场经济体制的建立与完善，构建资源节约、环境友好的生产方式和生活方式，增强生态环境的可持续发展能力。坚持把建设资源节约型、环境友好型社会作为加快转变经济发展方式的重要着力点。提高资源配置和利用效率，完善节约资源和保护环境规章制度，节约能源，改变产业结构，发展循环经济，推广低碳技术，积极应对全球气候变化，促进经济体制与生态环境协调发展，促进人与自然和谐共处。

六、水利工程生态环境效应

（一）水利工程生态环境效应的评价体系

水利工程生态环境效应系统十分复杂和庞大，涉及的领域也十分广泛，包括生态、环境、社会、经济等诸多方面，在评价过程中应该对工程给当地造成的经济和环境等多方面影响进行综合考虑。水利工程生态效应评价不同于工程建设前的环境影响评价，与水电工程建成后的评估也不同，针对已建成的水利工程，从人居环境影响、野生动植物影响、自然规律影响、经济发展影响等四方面进行综合分析，水利工程生态环境效应评价体系主要由评价指标体系、评价使用的相关标准和相关评价方法构成。

（1）评价指标体系。水利工程生态环境效应研究逐年深入，国内外的很多专家也提出了关于建立评价指标体系的相关标准，然而，并没有一项共识性的体系成型，现在使用的水利工程生态环境效应评价指标体系通常为两种：第一种是基于传统的生态环境质量评价方式建立指标体系；第二种是基于压力、状态和响应模式建立评价指标体系。

（2）评价使用的相关标准。生态环境体系效应评价标准要具备一整套完善的生态环境质量和人类活动影响程度的评价，使决策者能够通过参照比较来确定当前状态，进而采取措施减轻或消除生态负效应，改善生态环境现状。

（3）相关评价方法。水利工程会给生态环境带来很多影响，并不能用单因子进行全面客观的评价，所以通常使用综合的评价方法。

（二）水利工程生态环境效应研究方向

（1）进一步研究评价指标体系。在水利工程生态环境效应评价的过程中，关键环节就是建立评价指标体系。由于生态环境系统的发展会受很多因素的影响，因此评价指标体系能对系统的状态进行一定程度上的反映。

（2）建立统一的评价标准。目前，水利工程生态环境效应的评价并没有相对统一的标准。是广义上来说是能够建立一定的评价标准的，只有具备这样的标准，才能使今后的水利工程生态环境建设更加标准化，评价结果也能更加科学和有据可查。

（3）改进评价方式。要对评价方法进行改进、对各个学科的评价方式进行借鉴，这样才能使单个评价方法中的不足之处得到弥补，使评价变得更加准确、科学。随着计算机技术的迅猛发展，人工智能技术更多地在水利工程生态环境效应评价领域中得到应用，这不仅能有效降低综合评价的工作难度，也能降低工作消耗的成本。

（4）研究流域尺度上的生态效应。重视对流域尺度上的生态效应研究，这样才能更好地给流域水资源提供更多的技术支持。目前，我国水利工程生态效应研究还处于摸索时期，因此相关工作人员一定要对水利工程对生态环境可能产生的各种效应进行科学和准确的分析，这样才能更好地保证人类社会和自然环境共同发展，从而建立统一的评价标准、改进评价方法和扩大水利工程生态环境效应研究尺度等问题需要进一步的研究。

第三章　水利工程建设的质量控制与统计

第一节　工程质量控制及其影响因素

一、工程质量控制

"水利工程质量是水利工程建设不可或缺的组成部分，因此水利工程质量是提高水利工程效率和实施发展的重要前提"[①]。作为工程质量管理的重要组成，符合质量审核条件是质量控制的重要目标。工程质量条件包括工程合同、设计方案、施工技术规范中制定的各项质量审核条款。对工程质量的满足就是工程质量控制。

（一）质量控制的主体

按照实施主体的工作职能划分，工程质量控制实施主体分为履行质量职能的执行者、监管他人质量能力和工作成效的监管者。前者为自控主体，后者为监控主体，能够实施工程质量管控的单位如下：

（1）政府部门。作为工程质量的监管控制主体，政府要运用相关法律、法规制定工程项目申报立项制度，严格审查施工图设计方案以及施工许可审批流程，严把材料设备、工程质量监督、重大工程竣工验收备案等质量关。

（2）工程监理单位。为了使工程质量达到建设单位的要求，建设单位委托工程监理单位监督把控工程建设过程中勘察设计、施工、竣工验收等各阶段质量。工程监理单位也属于监控主体，代表的是建设单位。

（3）勘察设计单位。作为自控主体，勘察设计单位对包括工作流程、工作进程、消耗以及具有价值的合同文件在内的整体勘察设计过程实施监督管控。国家法律、法规及具有法律效力的合同文件是勘察设计单位实施管控工作的主要依据。勘察设计单位属于自控主体。

（4）施工单位。作为工程质量控制的自控主体，施工单位为了符合合同文件规定的质量标准，对施工筹备阶段、施工工作阶段、完工验收、使用交付等各环节的工作质量和工程质量，参照工程合同、设计方案和技术要求实施质量控制。

---

① 魏娟娟. 水利工程质量控制的影响因素及对策研究[J]. 造纸装备及材料, 2020, 49（3）：160.

（二）质量监理的原则

在工程质量管控过程中，监理工程师要严格坚守以下几项准则：

（1）质量第一。"质量第一"是工程建设中质量管控的首要准则。监理工程师要秉承"百年大计，质量第一"的理念，规范行使工程资金投入、工程建设进度、工程建设质量监理等工作职能。

（2）以人为中心。工程建设的项目申报、物料设备筹备、施工执行、监督管理、验收使用等各环节都离不开人。监理工作应重点把控人的行为素质，积极创新。

（3）预防为主。质量控制的重点在于提前做好建设前、建设中和建设后的质量管控计划。做好预防工作，降低产品的质量问题概率。

（4）质量尺度。以国家法律法规以及工程合同质量条款为工程产品质量标准。质量检验合格的标准是，工程产品质量符合国家法律法规，同时也达到合同质量条款要求，否则就是不合格。不合格的工程建设产品必须按照国家法律法规和合同质量要求重新建设。

（5）遵纪守法，科学公正。监理工程师必须秉持遵纪守法，科学公正的职业操守，以客观数据信息为依据，秉公处理工程质量问题。

二、工程质量控制的影响因素

工程质量管理是一项复杂的工作，加之管理本身是一项系统工程，这决定了质量管理没有太多规范的模式可循。影响工程质量管理的因素有很多，归纳起来主要有以下五方面：

（1）人员品质。作为生产经营活动的主体，人员品质对工程建设具有举足轻重的影响。为了保证工程建设能够保质保量按时竣工交付，从业人员素质必须受到严格管控。各类从事经营资质管理和其他专业的人员必须持证上岗。

（2）工程建材。工程建筑产品是满足业主需求的基本条件，工程建设必须科学合理选材，材料质量必须通过正规部门的严格检验，材料管理单位必须制定健全的建材仓储管理制度。

（3）机械设施。建设工程项目需要筹备两大类机械设施：一类是构成整体使用功能，用于建筑设备安装工程或工业设备安装工程，与工程实体配套的工艺设备和各类机具；另一类是施工过程中使用的各种施工机具设备。机具设备的质量直接影响着工程质量。工程质量则直接受机具设备质量的制约。除了施工机具设备的质量要好以外，设备类型也要符合工程施工特殊需要，设备功能必须先进稳定，设备使用必须方便安全等，只有这样才能保证建设工程质量不受影响。

（4）施工方案。工程施工必须依照各项目的施工方案执行。为了保证工程质量不受影响，施工方案设计必须科学合理，积极采用利于工程质量提高的新科技、新工艺、新手段，严格按照使用说明进行安全操作。

（5）环境质量。环境质量能够对工程质量产生特殊影响。环境质量包括工程技术环境、工程建设环境、工程管理环境、周围环境等。为了保证工程质量与环境协调发展，工程建设过程中要重点管理关注施工环境、施工条件、技术环境，并且大力提供所需支持。

第二节　施工阶段的质量控制与质量验收

一、施工阶段的质量控制

（一）建设工程项目施工质量控制

建设工程项目的施工质量控制有两方面的含义：①指建设工程项目施工承包企业的施工质量控制，包括总包的、分包的、综合的和专业的施工质量控制；②指广义的施工阶段建设工程项目质量控制，即除承包方的施工质量控制外，还包括业主、设计单位、监理单位以及政府质量监督机构在施工阶段对建设工程项目施工质量所实施的监督管理和控制职能。因此，从建设工程项目管理的角度看，应全面理解施工质量控制的内涵，并掌握建设工程项目施工阶段质量控制的任务目标与控制方式、施工质量计划的编制、施工生产要素和作业过程的质量控制方法，熟悉施工质量控制的主要途径。

1. 施工阶段质量控制的目标

（1）建设工程项目施工阶段质量控制的任务目标。建设工程项目施工质量的总目标是实现由建设工程项目决策、设计文件和施工合同所决定的预期使用功能和质量标准。尽管建设单位、设计单位、施工单位、供货单位和监理机构等在施工阶段质量控制的地位和任务目标不同，但从建设工程项目管理的角度看，都是致力于实现建设工程项目的施工质量总目标。因此，施工质量控制目标以及建筑工程施工质量验收依据，具体包括以下几方面：

1）建设单位的控制目标。在施工阶段，建设单位通过对施工全过程、全面的质量监督管理、协调和决策，保证竣工项目达到投资决策所确定的质量标准。

2）设计单位的控制目标。在施工阶段，设计单位通过对关键部位和重要施工项目施工质量验收签证、设计变更控制及纠正施工中所发现的设计问题、采纳变更设计的合理化建议等，保证竣工项目的各项施工结果与设计文件（包括变更文件）所规定的质量标准相一致。

3）施工单位的控制目标。施工单位包括施工总包单位和分包单位，作为建设工程产品的生产者和经营者，应根据施工合同的任务范围和质量要求，通过全过程、全面的施工质量控制，保证最终交付满足施工合同及设计文件所规定质量标准的建设工程产品。

4）供货单位的控制目标。建筑材料、设备、构配件等供应厂商，应按照采购供货合同约定的质量标准提供货物及其质量保证、检验试验单据、产品规格和使用说明书以及其他必要的数据和资料，并对其产品质量负责。

5）监理单位的控制目标。在施工阶段，监理单位监控施工承包单位的质量活动行为、协调施工关系，正确履行对工程施工质量的监督责任，以保证工程质量达到施工合同和设计文件所规定的质量标准。建设工程监理人员若认为工程施工不符合工程设计要求、施工技术标准和合同约定，则有权要求建筑施工企业改正。

（2）建设工程项目施工阶段质量控制的方式。在长期建设工程施工实践中，施工质量控制的基本方式可以概括为自主控制与监督控制相结合的方式、事前预控与事中控制相结合的方式、动态跟踪与纠偏控制相结合的方式以及这些方式的综合运用。

2. 施工生产要素的质量控制

施工生产要素是施工质量形成的物质基础，其质量的含义包括：作为劳动主体的施工人员，即直接参与施工的管理者、作业者的素质及其组织效果；作为劳动对象的建筑材料、半成品、工程用品、设备等的质量；作为劳动方法的施工工艺及技术措施的水平；作为劳动手段的施工机械、设备、工具、模具等的技术性能。还包括施工环境——现场水文、地质、气象等自然环境，通风、照明、安全等作业环境与协调配合的管理环境。

（1）劳动主体的控制。在施工生产要素质量控制中，劳动主体的控制包括工程各类参与人员的生产技能、文化素养、生理体能、心理行为等方面的个体素质以及经过合理组织、充分发挥其潜在能力的群体素质。施工企业必须坚持对所选派的项目领导者、管理者进行质量意识教育和组织管理能力训练；坚持对分包商的资质考核和施工人员的资格考核；坚持工种按规定持证上岗制度。

（2）劳动对象的控制。原材料、半成品及设备是构成工程实体的基础，其质量是工程项目实体质量的组成部分。因此，加强原材料、半成品及设备的质量控制，不仅是保证工程质量的必要条件，也是实现工程项目投资目标和进度目标的前提。要优先采用节能降耗的新型建筑材料，禁止使用国家明令淘汰的建筑材料。

在施工过程中,施工企业应贯彻执行企业质量程序文件中材料设备在封样、采购、进场检验、抽样检测及质保资料提交等方面一系列明确规定的控制标准。

（3）施工工艺的控制。施工工艺的衔接是直接影响工程质量、工程进度及工程造价的关键因素,施工工艺的合理性也直接影响到工程施工安全。因此,在工程项目质量控制中,制定和采用先进、合理、可靠的施工技术工艺方案,是工程质量控制的重要环节。

（4）施工设备的控制。

1）对施工所用的机械设备,包括起重设备、各项加工机械、专项技术设备、检查测量仪表设备及人货两用电梯等,应根据工程需要从设备选型、主要性能参数及使用操作要求等方面加以控制。

2）对施工方案中选用的模板、脚手架等施工设备,除按适用的标准定型选用外,一般需按设计及施工要求进行专项设计,对其设计方案及制作质量的控制及验收应作为重点。

3）按现行施工管理制度要求,工程所用的施工机械、模板、脚手架,特别是危险性较大的现场安装的起重机械设备,不仅要对其设计安装方案进行审批,而且安装完毕交付使用前必须经专业管理部门验收,合格后方可使用。同时,在使用过程中尚需落实相应的管理制度,以确保其安全正常使用。

（5）施工环境的控制。施工环境因素主要包括地质水文状况、气象变化及其他不可抗力因素以及施工现场的通风、照明、安全、卫生、防护设施等劳动作业环境。施工环境因素对工程施工的影响一般难以避免。消除施工环境质量的不利影响,主要采取预测预防的控制方法。

3. 施工作业工序的质量控制

施工质量控制是一个涉及面广泛的系统过程,除施工质量计划的编制和施工生产要素的质量控制外,施工过程的作业工序的质量控制,是工程项目实际质量形成的重要过程。

（1）施工作业质量的自控。

1）施工作业质量自控的意义。施工作业质量的自控,从经营的层面上说,强调的是作为建筑产品生产者和经营者的施工企业,应全面履行企业的质量责任,向顾客提供质量合格的工程产品;从生产的过程来说,强调的是施工作业者的岗位质量责任,向后道工序提供合格的作业成果（中间产品）。因此,施工方是施工阶段质量自控主体。施工方不能因为监控主体的存在和监控责任的实施而减轻或免除其质量责任。建筑施工企业对工程的施工质量负责;建筑施工企业必须按照工程设计要求、施工技术标准和合同的约定,对建筑材料、建筑构配件和设备进行检验，不得使用不合格的产品。

施工方作为工程施工质量的自控主体，既要遵循本企业质量管理体系的要求，也要根据其在所承建的工程项目质量控制系统中的地位和责任，通过具体项目质量计划的编制与实施，有效实现施工质量的自控目标。

2）施工作业质量的自控程序。施工作业质量的自控过程是由施工作业组织的成员进行的，其基本的控制程序包括作业技术交底、作业活动的实施和施工作业质量的检验等。

第一，施工作业技术交底。技术交底是施工组织设计和施工方案的具体化，施工作业技术交底的内容必须具有可行性和可操作性。

第二，施工作业活动的实施。施工作业活动是由一系列工序组成的。为了保证工序质量受控，要对作业条件进行再确认，即按照作业计划检查作业准备状态是否落实到位，其中包括对施工程序和作业工艺顺序的检查确认。在此基础上，严格按作业计划的程序、步骤和质量要求开展工序作业活动。

第三，施工作业质量的检验。施工作业的质量检查是贯穿整个施工过程的最基本的质量控制活动，包括施工单位内部的工序作业质量自检、互检、专检和交接检查以及现场监理机构的旁站检查、平行检验等。施工作业质量检查是施工质量验收的基础，对已完检验批及分部分项工程的施工质量，必须在施工单位完成质量自检并确认合格之后，才能报请现场监理机构进行检查验收。

前道工序作业质量经验收合格后，才可进入下道工序施工。未经验收合格的工序，不得进入下道工序施工。

3）施工作业质量自控的要求。工序作业质量是直接形成工程质量的基础，为达到对工序作业质量控制的效果，在加强工序管理和质量目标控制方面应遵守以下原则：

第一，预防为主。严格按照施工质量计划的要求，进行各分部分项施工作业的部署。同时，根据施工作业的内容、范围和特点，制订施工作业计划，明确作业质量目标和作业技术要领，认真进行作业技术交底，落实各项作业技术组织措施。

第二，重点控制。在施工作业计划中，一方面要认真贯彻实施施工质量计划中的质量控制点的控制措施；另一方面，要根据作业活动的实际需要，进一步建立工序作业控制点，深化工序作业的控制重点。

第三，坚持标准。工序作业人员在工序作业过程中应严格进行质量自检，通过自检不断改善作业，并创造条件开展作业质量互检，通过互检加强技术与经验的交流。对已完工序作业产品，即检验批或分部分项工程，应严格坚持质量标准。对不合格的施工作业质量，不得进行验收签证，必须按照规定的程序进行处理。

第四，记录完整。施工图纸、质量计划、作业指导书、材料质保书、检验试验及检测报告、质量验收记录等，是形成可追溯性的质量保证依据，也是工程竣工验收不可缺少的质量控制资料。因此，对工序作业质量，应有计划、有步骤地按照施工管理规范的要求进行填写记载，做到及时、准确、完整、有效，并具有可追溯性。

4）施工作业质量自控的制度。根据实践经验的总结，施工作业质量自控的有效制度有：质量自检制度；质量例会制度；质量会诊制度；质量样板制度；质量挂牌制度；每月质量讲评制度等。

（2）施工作业质量的监控。

1）施工作业质量的监控主体。为了保证项目质量，建设单位、监理单位、设计单位及政府的工程质量监督部门，在施工阶段依据法律法规和工程施工承包合同，对施工单位的质量行为和项目实体质量实施监督控制。

设计单位应当依据审查合格的施工图纸、设计文件向施工单位作出详细说明；应当参与建设工程质量事故分析，并对因设计造成的质量事故，提出相应的技术处理方案。

建设单位在领取施工许可证或者开工报告前，应当按照国家有关规定办理工程质量监督手续。

作为监控主体之一的项目监理机构，在施工作业实施过程中，根据其监理规划与实施细则，采取现场旁站、巡视、平行检验等形式，对施工作业质量进行监督检查，如发现工程施工不符合工程设计要求、施工技术标准和合同约定，有权要求建筑施工企业改正。监理机构应进行检查而没有检查或没有按规定进行检查的，给建设单位造成损失时应承担赔偿责任。

2）现场质量检查。现场质量检查是施工作业质量监控的主要手段。

现场质量检查的内容包括：①开工前的检查。要检查是否具备开工条件，开工后是否能够保持连续正常施工，能否保证工程质量；②工序交接检查。对于重要的工序或对工程质量有重大影响的工序，应严格执行"三检"制度（即自检、互检、专检），未经监理工程师（或建设单位技术负责人）检查认可，不得进行下道工序施工；③隐蔽工程的检查。施工中凡是隐蔽工程必须检查认证后方可进行隐蔽掩盖；④停工后复工的检查。因客观因素停工或处理质量事故等停工复工时，经检查认可后方能复工；⑤分项分部工程完工后的检查。应经检查认可，并签署验收记录后，才能进行下一个工程项目的施工；⑥成品保护的检查。检查成品有无保护措施以及保护措施是否有效可靠。

现场质量检查主要包括以下几种方法：

第一，目测法。目测法即凭借感官进行检查，也称观感质量检验，其手段可概括为"看、摸、敲、照"4个字。看——根据质量标准要求进行外观检查。例如，清水墙面是否洁净，喷涂的密实度和颜色是否良好、均匀，工人的操作是否正常，内墙抹灰的大面及口角是否平直，混凝土外观是否符合要求等。摸——通过触摸手感进行检查、鉴别。例如，油漆的光滑度，浆活是否牢固、不掉粉等；敲——运用敲击工具进行声感检查。例如，对地面工程、装饰工程中的水磨石、面砖、石材饰面等，均应进行敲击检查。照——通过人工光源或反射光照射，检查难以看到或光线较暗的部位。例如，管道井、电梯井等内部管线、设备安装质量，装饰吊顶内连接及设备安装质量等。

第二，实测法。实测法就是将实测数据与施工规范、质量标准的要求及允许偏差值进行对照，以此判断质量是否符合要求，其手段可概括为"靠、量、吊、套"四个字。靠——用直尺、塞尺检查。例如墙面、地面、路面等的平整度。量——用测量工具和计量仪表等检查断面尺寸、轴线、标高、湿度、温度等的偏差。例如，大理石板拼缝尺寸，摊铺沥青拌和料的温度，混凝土坍落度的检测等。吊——利用托线板以及线坠吊线检查垂直度。例如，砌体垂直度检查、门窗的安装等。套——以方尺套方，辅以塞尺检查。例如，对阴阳角的方正、踢脚线的垂直度、预制构件的方正、门窗口及构件的对角线的检查等。

第三，试验法。试验法是指通过必要的试验手段对质量进行判断的检查方法，主要包括以下内容：

理化试验。工程中常用的理化试验包括物理力学性能的检验和化学成分及化学性能的测定两个方面。物理力学性能的检验包括各种力学指标的测定，如抗拉强度、抗压强度、抗弯强度、抗折强度、冲击韧性、硬度、承载力等，以及各种物理性能方面的测定，如密度、含水率、凝结时间、安定性及抗渗、耐磨、耐热性能等。化学成分及化学性能的测定包括钢筋中的磷、硫含量，混凝土粗骨料中的活性氧化硅成分，耐酸、耐碱、抗腐蚀性等。此外，根据规定有时还需进行现场试验，例如，桩或地基的静载试验、下水管道的通水试验、压力管道的耐压试验、防水层的蓄水或淋水试验等。

无损检测。利用专门的仪器仪表从表面探测结构物、材料、设备的内部组织结构或损伤情况。常用的无损检测方法有超声波探伤、射线探伤等。

技术核定与见证取样送检。

技术核定：在建设工程项目施工过程中，因施工方对施工图纸的某些要求不甚明白，或图纸内部存在某些矛盾，或工程材料调整与代用，或改变建筑节点构造、管线位置或走向等，需要通过设计单位明确或确认的，施工方必须以技术核定单的方式向监理工程师提出，报送设计单位核准确认。

见证取样送检：为了保证建设工程质量，我国规定对工程所使用的主要材料、半成品、构配件以及施工过程留置的试块、试件等应实行现场见证取样送检。见证人员由建设单位及工程监理机构中有相关专业知识的人员担任；送检的实验室应具备经国家或地方工程检验检测主管部门核准的相关资质；见证取样送检必须严格按执行规定的程序进行，包括取样见证并记录、样本编号、填单、封箱，送实验室核对、交接、试验检测、出具报告等。

检测机构应当建立档案管理制度。检测合同、委托单、原始记录、检测报告应当按年度统一编号，编号应当连续，不得随意抽撤、涂改。

4．施工阶段的质量控制

建设工程项目施工质量的控制途径分别为事前预控、事中控制和事后控制。

（1）施工质量的事前预控途径。

1）施工条件的调查和分析。施工条件包括合同条件、法规条件和现场条件，做好施工条件的调查和分析，发挥其重要的质量预控作用。

2）施工图纸会审和设计交底。理解设计意图和对施工的要求，明确质量控制的重点、要点和难点，消除施工图纸的差错等。因此，严格进行设计交底和图纸会审，具有重要的事前预控作用。

3）施工组织设计文件的编制与审查。施工组织设计文件是直接指导现场施工作业技术活动和管理工作的纲领性文件。工程项目施工组织设计以施工技术方案为核心，通盘考虑施工程序、施工质量、进度、成本和安全目标的要求。科学合理的施工组织设计对于有效地配置合格的施工生产要素、规范施工作业技术活动行为和管理行为，将起到重要的导向作用。

4）工程测量定位和标高基准点的控制。施工单位必须按照设计文件所确定的工程测量任务来定位及标高的引测依据，建立工程测量基准点，自行做好技术复核，并报告项目监理机构进行监督检查。

5）施工分包单位的选择和资质的审查。对分包商资格与能力的控制是保证工程施工质量的重要方面。确定分包内容、选择分包单位及分包方式既直接关系到施工总承包方的利益和风险，也是建设工程质量的保证。因此，施工总承包企业必须有健全、有效的分包选择程序，同时按照我国现行法规的规定，在订立分包合同前，施工单位必须将所联络的分包商情况报送项目监理机构进行资格审查。

6）材料设备和部品采购质量控制。建筑材料、构配件、部品和设备是直接构成工程实体的物质，应从施工备料开始进行控制，包括对供货厂商的评审、询价、采购计划与方式的控制等。因此，施工承包单位必须有健全有效的采购控制程序，同时按照我国现行法规的规定，主要材料设备采购前必须将采购计划报送工程监理机构审查，实施采购质量预控。

7）施工机械设备及工器具的配置与性能控制。施工机械设备、设施、工器具等施工生产手段的配置及其性能，对施工质量、安全、进度和施工成本有重要的影响，应在施工组织设计过程中根据施工方案的要求来确定，施工组织设计批准之后应对其落实的情况进行检查控制，以保证技术预案的质量能力。

（2）施工质量的事中控制途径。建设项目施工过程质量控制是最基本的控制途径，因此必须抓好与作业工序质量形成相关的配套技术与管理工作，其主要途径如下：

1）施工技术复核。施工技术复核是施工过程中保证各项技术基准正确性的重要措施，凡属轴线、标高、配方、样板、加工图等用作施工依据的技术工作，都要进行严格复核。

2）施工计量管理。施工计量管理包括投料计量、检测计量等，其正确性与可靠性直接关系到工程质量的形成和客观效果的评价。因此，施工全过程必须对计量人员资格、计量程序和计量器具的准确性进行控制。

3）见证取样送检。为了保证工程质量，我国规定对工程使用的主要材料、半成品、构配件以及施工过程留置的试块、试件等实行现场见证取样送检。见证员由建设单位及工程监理机构中具备相关专业知识的人员担任，送检的实验室应具备国家或地方工程检测主管部门批准的相关资质，见证取样送检必须严格按执行规定的程序进行，包括取样见证并记录、样本编号、填单、封箱，送实验室核对、交接、试验检测、出具报告。

4）技术核定和设计变更。在工程项目施工过程中，因施工方对图纸的某些要求不甚明白，或者是图纸内部存在某些矛盾，或施工配料调整与代用，改变建筑节点构造、管线位置或走向等，需要通过设计单位明确或确认的，施工方必须以技术联系单的方式向业主或监理工程师提出，报送设计单位核准确认。在施工期间，存在建设单位、设计单位或施工单位提出需要进行局部设计变更的内容，都必须按规定程序用书面形式进行变更。

5）隐蔽工程验收。所谓隐蔽工程，是指上一道工序的施工成果要被下一道工序所覆盖，如地基与基础工程、钢筋工程、预埋管线等均属隐蔽工程。施工过程中，总监理工程师应安排监理人员对施工过程进行巡视和检查，对隐蔽工程、下道工序施工完成后难以检查的重点部位，专业监理工程师应安排监理员进行旁站，对施工过程中出现的质量缺陷，专业监理工程师应及时下达监理工程师通知，要求承包单位整改并检查整改结果。工程项目的重点部位、关键工序应由项目监理机构与承包单位协商后共同确认。监理工程师应从巡视、检查、旁站监督等方面对施工质量进行严格控制。加强隐蔽工程质量验收，是施工质量控制的重要环节。其程序要求施工方应先完成自检并合格，然后填写专用的"隐蔽工程验收单"，验收的内容应与已完成的隐蔽工程实物相一致，事先通知监理机构及有关方面，按约定时间进行验收。验收合格的工程由各方共同签订验收落实记录。验收不合格的隐蔽工程，应按验收意见进行整改后重新验收。严格隐蔽工程验收的程序和记录，对于预防工程质量隐患、提供可追溯的质量记录具有重要作用。

6）其他。长期施工管理实践过程中形成的质量控制途径和方法，如批量施工前应采取样板示范、召开现场施工技术质量例会、进行质量控制资料管理等措施，也是施工过程质量控制的重要工作途径。

（3）施工质量的事后控制途径。施工质量的事后控制，主要是进行已完施工的成品保护、质量验收和对不合格项目的处理，以保证最终验收的质量。

1）已完工程成品保护的目的是避免已完施工成品受到来自后续施工以及其他方面的污染或损坏。其成品保护问题和措施，在施工组织设计与计划阶段就应该从施工顺序上进行考虑，防止因施工顺序不当或交叉作业造成相互干扰、污染和损坏，成品形成后可采取防护、覆盖、封闭、包裹等相应措施进行保护。

2）施工质量检查验收作为事后质量控制的途径，应严格按照施工质量验收统一标准规定的质量验收划分，从施工顺序作业开始，依次做好检验批、分项工程、分部工程及单位工程的施工质量验收。通过多层次的设防把关，严格验收，控制建设工程项目的质量。

（二）建设工程项目质量的政府监督

为加强对建设工程质量的管理，《中华人民共和国建筑法》及《建设工程质量管理条例》明确，政府行政主管部门设立专门机构对建设工程质量行使监督职能，其目的是保证建设工程质量、保证建设工程的使用安全及环境质量。国务院建设行政主管部门对全国建设工程质量实行统一监督管理，国务院铁路、交通、水利等有关部门按照规定的职责分工，负责对全国有关专业建设工程质量的监督管理。

1. 建设工程项目质量政府监督的职能

（1）政府监督职能的内容。

1）监督检查施工现场工程建设参与各方主体的质量行为。

2）监督检查工程实体的施工质量。

3）监督工程质量验收。

（2）政府监督职能的权限。

1）要求被检查的单位提供有关工程质量的文件和资料。

2）进入被检查单位的施工现场进行检查。

3）发现有影响工程质量的问题时，责令改正。

建设工程质量监督管理，由国务院建设行政主管部门或者委托的建设工程质量监督机构具体实施。

2. 建设工程项目质量政府监督的内容

（1）受理质量监督申报。在工程项目开工前，政府质量监督机构在受理建设工程质量监督的申报手续时，对建设单位提供的文件资料进行审查，审查合格后签发有关质量监督的文件。

（2）开工前的质量监督。开工前召开项目参与各方参加的首次监督会议，公布监督方案，提出监督要求，并进行第一次监督检查。监督检查的主要内容为工程项目质量控制系统及各施工方的质量保证体系是否已经建立以及完善程度。

（3）施工期间的质量监督。

1）在建设工程施工期间，质量监督机构按照监督方案对工程项目施工情况进行不定期的检查。其中在基础和结构阶段每月安排监督检查。检查内容为工程参与各方的质量行为及质量责任制的履行情况、工程实体质量和质保资料的状况。

2）对建设工程项目结构主要部位（如桩基、基础、主体结构），除了常规检查外，还要在分部工程验收时，要求建设单位将施工、设计、监理、建设方分别签字的质量验收证明在验收后三天内报监督机构备案。

3）对施工过程中发生的质量问题、质量事故进行查处；根据质量检查状况对查实的问题签发质量问题整改通知单或局部暂停施工指令单，对问题严重的单位也可根据问题情况发出临时收缴资质证书通知书等处理意见。

（4）竣工阶段的质量监督。建设工程质量政府监督机构按规定对工程竣工验收备案工作实施监督。

1）做好竣工验收前的质量复查。对质量监督检查中提出质量问题的整改情况进行复查，了解其整改情况。

2）参与竣工验收会议。对竣工工程的质量验收程序、验收组织与方法、验收过程等进行监督。

3）编制单位工程质量监督报告。单位工程质量监督报告作为竣工验收资料的组成部分提交竣工验收备案部门。

4）建立建设工程质量监督档案。按单位工程建立建设工程质量监督档案，要求归档及时，资料记录齐全，经监督机构负责人签字后归档，按规定年限保存。

（三）企业质量管理体系标准

1. 企业质量管理体系的八项原则

质量管理体系八项原则是世界各国质量管理成功经验的科学总结，它的贯彻执行能促进企业管理水平的提高，并提高顾客对其产品或服务的满意程度，帮助企业达到持续成功的目的。质量管理体系八项原则的具体内容如下：

（1）以顾客为关注焦点。组织应理解顾客当前和未来的需求，满足顾客要求并争取超越顾客的期望。这是组织进行质量管理的出发点和落脚点。

（2）领导作用。领导者确立本组织统一的宗旨和方向，并营造和保持使员工充分参与实现组织目标的内部环境。因此，领导在企业的质量管理体系中起决定作用。只有领导重视，各项质量管理活动才能有效开展。

（3）全员参与。各级人员都是组织之本，只有全员充分参加，企业才能利用其才干为组织带来收益。企业领导应对员工进行质量意识等各方面的培养，激发他们的积极性和责任感，为其能力、知识、经验的提高提供机会，发挥创造精神，鼓励其持续改进，给予必要的物质和精神奖励，使全员积极参与，为达到让顾客满意的目标而奋斗。

（4）过程方法。将相关的资源和活动作为过程进行管理，可以更高效地得到期望的结果。任何使用资源生产活动和将输入转化为输出的一组相关联的活动都可视为过程。

（5）管理的系统方法。将相互关联的过程作为系统加以识别、理解和管理，有助于组织提高实现其目标的有效性和效率。不同企业应根据自己的特点，建立资源管理、过程实现、测量分析改进等方面的关联关系，并加以控制。即采用过程网络的方法建立质量管理体系，实施系统管理。

（6）持续改进。持续改进总体业绩是组织的一个永恒目标，其作用在于增强企业满足质量要求的能力，包括产品质量、过程及体系的有效性和效率的提高。持续改进是增强和满足质量要求能力的循环活动，可以使企业的质量管理走上良性循环的轨道。

（7）基于事实的决策方法。有效的决策应建立在数据和信息分析的基础上，数据和信息分析是事实的高度提炼。以事实为依据作出决策，可防止决策失误。为此企业领导应重视数据信息的收集、汇总和分析，以便为决策提供依据。

（8）与供方互利的关系。组织与供方是相互依存的，建立双方的互利关系可以增强双方创造价值的能力。供方提供的产品是企业提供的产品的一个组成部分。处理好与供方的关系，是涉及企业能否持续稳定提供顾客满意产品的重要问题。因此，对供方不能只讲控制，不讲合作互利，特别是关键供方，更要建立互利关系，这对企业与供方双方都有利。

2. 企业质量管理体系的建立和运行

（1）企业质量管理体系的建立。

1）企业质量管理体系的建立，是在确定市场及顾客需求的前提下，按照质量管理体系八项原则制订企业质量管理体系文件，并将质量目标分解落实到相关层次、相关岗位的职能和职责中，形成企业质量管理体系的执行系统。

2）企业质量管理体系的建立还包含组织企业不同层次的员工进行培训，使体系的工作内容和执行要求为员工所了解，为形成全员参与的企业质量管理体系创造条件。

3）企业质量管理体系的建立需识别并提供实现质量目标和持续改进所需的资源，包括人员、基础设施、环境、信息等。

（2）企业质量管理体系的运行。

1）运行。按质量管理体系文件所制订的程序、标准、工作要求及目标分解的岗位职责进行运作。

2）记录。按各类体系文件的要求，监视、测量和分析过程的有效性和效率，做好文件规定的质量记录。

3）考核评价。按文件规定的办法进行质量管理评审和考核。

4）落实内部审核。落实质量体系的内部审核程序，有组织、有计划地开展内部质量审核活动，其主要目的是：评价质量管理程序的执行情况及适用性；揭露过程中存在的问题，为质量改进提供依据；检查质量体系运行的信息；向外部审核单位提供有效的证据。

3．企业质量管理体系的认证与监督

（1）企业质量管理体系认证的意义。质量认证制度，是指由公正的第三方认证机构对企业的产品及质量体系作出正确可靠的评价。

（2）企业质量管理体系认证的程序。

1）申请和受理：申请单位具有法人资格，须按要求填写申请书，无论接受或不接受，均予以发出书面通知书。

2）审核：包括文件审查、现场审核，并提出审核报告。

3）审批与注册发证：符合标准者批准并予以注册，发给其认证证书。

（3）获准认证后的维持与监督管理。企业质量管理体系获准认证的有效期为三年。获准认证后的质量管理体系的维持与监督管理内容如下：

1）企业通报：认证合格的企业质量管理体系在运行中出现较大变化时，需向认证机构通报。

2）监督检查：包括定期和不定期的监督检查。

3）认证注销：认证注销是企业的自愿行为。

4）认证暂停：认证暂停期间，企业不得使用质量管理体系认证证书进行宣传。

5）认证撤销：撤销认证的企业一年后可重新提出认证申请。

6）复评：认证合格有效期满前，如企业愿意继续延长，可向认证机构提出复评申请。

7）重新换证：在认证证书有效期内，出现体系认证标准变更、体系认证范围变更、体系认证证书持有者变更的，可按规定重新换证。

二、建设工程项目的质量验收

建设工程项目质量验收是对已完工程实体的内在及外观施工质量，按规定程序检查后，确认其是否符合设计及各项验收标准的要求，是否可交付使用的一个重要环节。正确地进行建设工程项目质量的检查评定和验收，是保证工程质量的重要手段。

（一）施工过程质量验收

1. 施工过程的质量验收的具体内容

对涉及人民生命财产安全、人身健康、环境保护和公共利益的内容，以强制性条文作出规定，要求必须坚决、严格遵照执行。

检验批和分项工程是质量验收的基本单元；分部工程是在所含全部分项工程验收的基础上进行验收的，在施工过程中随完工随验收、并留下完整的质量验收记录和资料；单位工程作为具有独立使用功能的完整的建筑产品，进行竣工质量验收。

应由监理工程师（建设单位项目技术负责人）组织施工单位项目专业质量（技术）负责人等进行验收。

（1）检验批。所谓检验批，是指按同一生产条件或按规定的方式汇总起来供检验用的，由一定数量样本组成的检验体。检验批是工程验收的最小单位，是分项工程乃至整个建筑工程质量验收的基础。

（2）分项工程质量验收。

1）分项工程应由监理工程师（建设单位项目技术负责人）组织施工单位项目专业质量（技术）负责人进行验收。

2）分项工程质量验收应符合：①分项工程所含的检验批均应符合合格质量的规定；②分项工程所含的检验批的质量验收记录应完整。

（3）分部工程质量验收。

1）分部工程应由总监理工程师（建设单位项目负责人）组织施工单位项目负责人和技术、质量负责人等进行验收；地基与基础、主体结构分部工程的勘察、设计单位工程项目负责人和施工单位技术、质量部门负责人也应参加相关分部工程验收。

2）分部（子分部）工程质量验收应符合：①所含分项工程的质量均应验收合格；②质量控制资料应完整；③地基与基础、主体结构和设备安装等分部工程有关安全、使用功能、节能、环境保护的检验和抽样检验结果应符合有关规定；④观感质量验收应符合要求。

2．施工过程质量验收的处理方法

施工过程的质量验收是以检验批的施工质量为基本验收单元。检验批质量不合格可能是使用的材料不合格，或施工作业质量不合格，或质量控制资料不完整等原因所致，其处理方法如下：

（1）在检验批验收时，对严重的缺陷应推倒重来，对一般的缺陷通过翻修或更换器具、设备予以解决后重新进行验收。

（2）个别检验批发现试块强度等不满足要求难以确定是否验收时，应请有资质的法定检测单位检测鉴定，当鉴定结果能够达到设计要求时，应予以验收。当检测鉴定达不到设计要求，但经原设计单位核算仍能满足结构安全和使用功能的检验批，可予以验收。

（3）严重质量缺陷或超过检验批范围内的缺陷，经法定检测单位检测鉴定以后，认为不能满足最低限度的安全储备和使用功能，则必须进行加固处理，虽然改变外形尺寸，但能满足安全使用要求，可按技术处理方案和协商文件进行验收，责任方应承担经济责任。通过返修或加固处理后，仍不能满足安全使用要求的分部工程、单位（子单位）工程，严禁验收。

（二）竣工阶段的质量验收

建设工程项目竣工验收有两层含义：①指承发包单位之间进行的工程竣工验收，也称工程交工验收；②指建设工程项目的竣工验收。两者在验收范围、依据、时间、方式、程序、组织和权限等方面存在不同。

1．竣工工程质量验收的依据

（1）工程施工承包合同。

（2）工程施工图纸。

（3）工程施工质量验收统一标准。

（4）专业工程施工质量验收规范。

（5）建设法律、法规、管理标准和技术标准。

2．竣工工程质量验收的要求

（1）建筑工程施工质量应符合相关专业验收规范的规定。

（2）建筑工程施工应符合工程勘察、设计文件的要求。

（3）参加工程施工质量验收的各方人员应具备规定的资格。

（4）工程质量的验收均应在施工单位自行检查评定的基础上进行。

（5）隐蔽工程在隐蔽前应由施工单位通知有关单位进行验收，并应形成验收文件。

（6）涉及结构安全的试块、试件以及有关材料，应按规定进行见证取样检测。

（7）检验批的质量应按主控项目和一般项目验收。

（8）对涉及结构安全和使用功能的重要分部工程应进行抽样检测。

（9）承担见证取样检测及有关结构安全检测的单位应具有相应资质。

（10）工程的观感质量应由验收人员通过现场检查，并应共同确认。

3．竣工工程质量验收的程序

建设工程项目竣工验收可分为竣工验收准备、初步验收和正式竣工验收三个环节。整个验收过程必须按照工程项目质量控制系统的职能分工，以监理工程师为核心进行竣工验收的组织协调。

（1）竣工验收准备。施工单位按照合同规定的施工范围和质量标准完成施工任务，经质量自检并合格后，向现场监理机构（或建设单位）提交工程竣工申请报告，要求组织工程竣工验收。

（2）初步验收。监理机构收到施工单位的工程竣工申请报告后，应对验收的准备情况和验收条件进行检查；应对工程实体质量及档案资料存在的缺陷及时提出整改意见，并与施工单位协商整改清单，确定整改要求和完成时间。由施工单位向建设单位提交工程竣工验收报告，申请建设工程竣工验收应具备以下条件：

1）完成建设工程设计和合同约定的各项内容。

2）有完整的技术档案和施工管理资料。

3）有工程使用的主要建筑材料、构配件和设备的进场试验报告。

4）有工程勘察、设计、施工、工程监理等单位签署的质量合格文件。

5）有施工单位签署的工程保修书。

（3）正式竣工验收。建设单位组织、质量监督机构与竣工验收小组成员单位不是一个层次的。在工程竣工验收前七个工作日，建设单位应将验收时间、地点、验收组名单通知该工程的工程质量监督机构。建设单位组织竣工验收会议。正式验收过程的主要工作如下：

1）建设、勘察、设计、施工、监理单位分别汇报工程合同履约、工程施工各环节满足设计要求及质量符合法律、法规和强制性标准的情况。

2）检查审核设计、勘察、施工、监理单位的工程档案资料及质量验收资料。

3）实地检查工程外观质量，对工程的使用功能进行抽查。

4）对工程施工质量管理各环节工作、对工程实体质量及质保资料情况进行全面评价，形成经验收组人员共同确认签署的工程竣工验收意见。

5）竣工验收合格，建设单位应及时给出工程竣工验收报告。验收报告还应附有工程施工许可证、设计文件审查意见、质量检测功能性试验资料、工程质量保修书及法规所规定的其他文件。

6）工程质量监督机构应对工程竣工验收工作进行监督。

（三）竣工验收备案

我国实行建设工程竣工验收备案制度。新建、扩建和改建的各类水利工程的竣工验收，均应按《建设工程质量管理条例》规定进行备案。

第三节　工程质量控制手段与统计分析

一、工程质量控制手段

为确保施工质量，要对施工过程进行全过程、全方位的质量监督、控制与检查。就整个施工过程而言，可按事前、事中、事后进行控制。就一个具体作业而言，监理工程师控制管理仍涉及事前、事中及事后。工程质量控制主要围绕影响工程施工质量的因素进行。

（一）技术活动准备控制

1. 质量控制点的设置

质量控制点是指为了保证作业过程质量而确定的重点控制对象、关键部位或薄弱环节。设置质量控制点是保证达到施工质量要求的必要前提，监理工程师在拟定质量控制工作计划时，应予以详细地考虑，并以制度来保证落实。对于质量控制点，一般要事先分析可能造成质量问题的原因，再针对原因制定对策和措施进行预控。

承包单位在工程施工前应根据施工过程质量控制的要求，列出质量控制点明细表，提交监理工程师审查批准后，在此基础上实施质量预控。

（1）选择质量控制点的一般原则。应当选择那些保证质量难度大的、对质量影响大的或者是发生质量问题时危害大的对象作为质量控制点。

1）施工过程中的关键工序或环节以及隐蔽工程，如预应力结构的张拉工序、钢筋混凝土结构中的钢筋架立。

2）施工中的薄弱环节或质量不稳定的工序、部位或对象，如地下防水层施工。

3）对后续工程施工、后续工序质量或安全有重大影响的工序、部位或对象，如预应力结构中的预应力钢筋质量、模板的支撑与固定等。

4）采用新技术、新工艺、新材料的部位或环节。

5）施工上无足够把握的、施工条件困难的或技术难度大的工序或环节，如复杂曲线模板的放样等。

是否设置为质量控制点，主要是视其对质量特性影响的大小、危害程度及其质量保证的难度大小而定。

（2）质量控制点重点控制的对象。

1）人的行为。对某些作业或操作，应以人为重点进行控制。

2）物的质量与性能。施工设备和材料是直接影响工程质量和安全的主要因素，对某些工程尤为重要，常作为控制的重点。

3）关键的操作。

4）施工技术参数。

5）施工顺序。

6）技术间歇。

7）新工艺、新技术、新材料的应用。

8）产品质量不稳定、不合格率较高及易发生质量通病的工序应列为重点，对其仔细分析、严格控制。

9）易对工程质量产生重大影响的施工方法。

10）特殊地基或特种结构。

总之，质量控制点的选择要准确、有效。根据对重要的质量特性进行重点控制的要求，选择质量控制的重点部位、重点工序和重点质量因素作为质量控制点，进行重点控制和预控，这是进行质量控制的有效方法。

（3）质量预控及对策的检查。所谓工程质量预控，就是针对所设置的质量控制点或分部工程、分项工程，事先分析施工中可能发生的质量问题和隐患，分析其产生的可能原因，并提出相应的对策，采取有效的措施进行预先控制，以防在施工中发生质量问题。质量预控及对策的表达方式主要包括文字形式表达、表格形式表达、解析图形式表达。

其中，用解析图形式表示质量预控及措施对策是用两份图表表达的，即工程质量预控图和质量控制对策图。

2. 技术交底的控制

承包单位做好技术交底，是取得好的施工质量的条件之一。为此，每一分项工程开始实施前均要进行交底。技术交底书必须由主管技术人员编制，并经项目总工程师批准。技术交底的内容包括：施工方法、质量要求和验收标准；施工过程中需注意的问题；可能出现意外的措施及应急方案。技术交底要紧紧围绕与具体施工有关的操作者、机械设备、使用的材料、构配件、工艺、工法、施工环境、具体管理措施等方面进行，交底中要明确做什么、谁来做、如何做、作业标准和要求、什么时间完成等。

对于关键部位或技术难度大、施工复杂的检验批，在分项工程施工前，承包单位的技术交底书（作业指导书）要报监理工程师。经监理工程师审查后，如技术交底书不能保证作业活动的质量要求，承包单位要进行修改补充。没有做好技术交底的工序或分项工程，不得正式实施。

3. 进场材料的控制

（1）凡运到施工现场的原材料、半成品或构配件，进场前应向项目监理机构提交"工程材料/构配件/设备报审表"，同时附有产品出厂合格证及技术说明书，由施工承包单位按规定要求进行检验的检验或试验报告，经监理工程师审查并确认其质量合格后，方准进场。凡是没有产品出厂合格证明及检验不合格者，不得进场。如果监理工程师认为承包单位提交的有关产品合格证明文件及施工承包单位提交的检验或试验报告，仍不足以说明到场产品的质量符合要求时，监理工程师可以再组织复检或见证取样试验，确认其质量合格后方允许进场。

（2）进口材料的检查、验收，应会同国家商检部门进行。

（3）材料构配件存放条件的控制。

（4）对于某些当地材料及现场配制的制品，一般要求承包单位事先进行试验，达到标准方准施工。

4. 环境状态的控制

（1）施工作业环境的控制。作业环境条件主要是指诸如水电或动力供应、施工照明、安全防护设备、施工场地空间条件和通道以及交通运输和道路条件等。监理工程师应事先检查承包单位对施工作业环境条件方面的有关准备工作是否已做好安排和准备妥当；当确认其准备可靠、有效后，方准许其进行施工。

（2）施工质量管理环境的控制。施工质量管理环境主要是指：①施工承包单位的质量管理体系和质量控制自检系统是否处于良好的状态；②系统的组织结构、管理制度、检测制度、检测标准、人员配备等方面是否完善和明确；③质量责任制是否落实。监理工程师做好承包单位施工质量管理环境的检查，并督促其落实，是保证作业效果的重要前提。

（3）现场自然环境条件的控制。监理工程师应检查施工承包单位在未来的施工期间，自然环境条件可能对施工作业质量产生不利影响时，是否事先已有充分的认识，并已做好充足的准备和采取了有效措施与对策以保证工程质量。

5. 设备及工作状态的控制

保证施工现场作业机械设备的技术性能及工作状态，对施工质量有重要的影响。因此，监理工程师要做好现场控制工作。

（1）施工机械设备的进场检查。

（2）机械设备工作状态的检查。

（3）特殊设备安全运行的审核。对于现场使用的塔吊及有特殊安全要求的设备，进入现场后，在使用前，必须经当地劳动安全部门鉴定，符合要求并办好相关手续后方允许承包单位投入使用。

（4）大型临时设备的检查。

6. 施工器具性能精度的控制

（1）监理工程师对工地试验室的检查。

1）工程作业开始前，承包单位应向项目监理机构报送工地试验室（或外委试验室）的资质证明文件：①列出本试验室所开展的试验、检测项目及主要仪器、设备；②法定计量部门对计量器具的标定证明文件；③试验检测人员上岗资质证明；④试验室管理制度；等等。

2）监理工程师的实地检查。监理工程师应检查的内容包括：①工地试验室资质证明文件、试验设备、检测仪器能否满足工程质量检查要求，是否处于良好的可用状态；②精度是否符合需要；③法定计量部门标定资料，合格证、率定表是否在标定的有效期内；④试验室管理制度是否齐全，符合实际；⑤试验、检测人员的上岗资质等。工地试验室经检查后，确认能满足工程质量检验要求，则予以批准，同意使用；否则，承包单位应进一步完善、补充，在未得到监理工程师同意之前，不得使用工地试验室。

（2）工地测量仪器的检查。施工测量开始前，承包单位应向项目监理机构提交测量仪器的型号、技术指标、精度等级及法定计量部门的标定证明，测量工的上岗证明，监理工程师审核确认后，方可进行正式测量作业。在作业过程中，监理工程师也应经常检查，以了解计量仪器、测量设备的性能、精度状况，使其处于良好的状态。

7. 劳动组织及人员上岗资格的控制

（1）现场劳动组织的控制。劳动组织涉及从事作业活动的操作者、管理者以及相应的各种管理制度。

1）操作人员到位。

2）管理人员到位：作业活动的直接负责人（包括技术负责人），专职质检人员，安全员，与作业活动有关的测量人员、材料员、试验员必须在岗。

3）相关制度要健全。

（2）作业人员上岗资格。从事特殊作业的人员（如电焊工、电工、起重工、架子工、爆破工）必须持证上岗。监理工程师要对此进行检查与核实。

（二）技术活动运行控制

工程施工质量是在施工过程中形成的，而不是最后检验出来的，施工过程是由一系列相互联系与制约的作业活动所构成的。因此，保证作业活动的效果与质量是施工过程质量控制的基础。

1. 承包单位自检监控

承包单位是施工质量的直接实施者和责任者。监理工程师的质量监督与控制就是使承包单位建立起完善的质量自检体系并有效运转。

承包单位的自检体系表现在以下三点：

（1）作业活动的作业者在作业结束后必须自检。

（2）不同工序的交接、转换，必须由相关人员交接检查。

（3）承包单位专职质检员的专检。

为满足上述三点要求，承包单位必须有整套的制度及工作程序，具有相应的试验设备及检测仪器，配备数量满足需要的专职质检人员以及试验检测人员。

2. 技术复核工作监控

凡涉及施工作业技术活动基准和依据的技术工作，都应该严格进行专人负责的复核性检查，以避免基准失误给整个工程质量带来难以补救的或全局性的危害。技术复核是承包单位应履行的技术工作责任，其复核结果应报送监理工程师复验确认后，才能进行后续相关的施工。监理工程师应把技术复验工作列入监理规划及质量控制计划中，并看作是一项经常性工作任务，贯穿于整个施工过程中。

常见的施工测量复核有如下四种：

（1）民用建筑测量复核。民用建筑测量复核包括建筑物定位测量、基础施工测量、墙体皮数杆检测、楼层轴线检测、楼层间高层传递检测等。

（2）工业建筑测量复核。工业建筑测量复核包括厂房控制网测量、桩基施工测量、柱模轴线与高程检测、厂房结构安装定位检测、动力设备基础与预埋螺栓检测。

（3）高层建筑测量复核。高层建筑测量复核包括建筑场地控制测量、基础以上的平面与高程控制、建筑物中垂准检测、建筑物施工过程中沉降变形观测等。

（4）管线工程测量复核。管线工程测量复核包括管网或输配电线路定位测量、地下管线施工检测、架空管线施工检测以及多管线交汇点高程检测等。

3. 见证点的实施监控

（1）见证点的概念。凡是被列为见证点的质量控制对象，在规定的关键工序施工前，承包单位应提前通知监理人员在约定的时间内到现场进行见证和对其施工实施监督。如果监理人员未能在约定的时间内到现场见证和监督，则承包单位有权进行该点的相应的工序操作和施工。

（2）见证点的监理实施程序。

1）承包单位应在某见证点施工之前的一定时间，书面通知监理工程师，说明该见证点准备施工的时间，请监理人员届时到达现场进行见证和监督。

2）监理工程师收到通知后，应注明收到该通知的日期并签字。

3）监理工程师应按规定的时间到现场见证。

4）如果监理人员在规定的时间不能到场见证，承包单位可以认为已获得监理工程师默认，有权进行该项施工。

5）如果在此之前监理人员已到过现场检查，并将有关意见写在"施工记录"上，则承包单位应在该意见旁写明根据该意见已采取的改进措施，或者写明某些具体意见。

4. 计量工作质量监控

计量是施工作业过程的基础工作之一，计量作业效果对施工质量有重大影响。监理工程师对计量工作的质量监控包括以下内容：

（1）施工过程中使用的计量仪器、检测设备、称重衡器的质量控制。

（2）从事计量作业人员技术水平资质的审核，尤其是现场从事施工测量的测量工，从事试验、检验的试验工。

（3）现场计量操作的质量控制。作业者的实际作业质量直接影响到作业效果，计量作业现场的质量控制主要是检查其操作方法是否得当。

5. 质量记录资料监控

质量记录资料是施工承包单位进行工程施工或安装期间，实施质量控制活动的记录，还包括监理工程师对这些质量控制活动的意见及施工承包单位对意见的答复，它详细地记录了工程施工阶段质量控制活动的全过程。因此，质量记录资料不仅在工程施工期间对工程质量的控制有重要作用，而且在工程竣工和投入运行后，对于查询和了解工程建设的质量情况以及工程维修和管理也能提供大量有用的资料和信息。

质量记录资料包括以下三方面内容：

（1）施工现场质量管理检查记录资料。

（2）工程材料质量记录。

（3）施工过程作业活动质量记录资料。

施工或安装过程可按分项工程、分部工程、单位工程建立相应的质量记录资料。施工质量记录资料应真实、齐全、完整，相关各方人员的签字应齐备、字迹清楚、结论明确，与施工过程的进展同步。在对作业活动效果的验收中，如缺少资料或资料不全，监理工程师应拒绝验收。

（三）技术活动结果控制

1. 技术活动结果的内容

作业技术活动结果的控制是施工过程中间产品及最终产品质量控制的方式，只有作业活动的中间产品质量都符合要求，才能保证最终单位工程产品的质量，主要内容如下：

（1）基槽（基坑）验收。基槽开挖是基础施工中的一项内容，由于其质量状况对后续工程质量影响大，故作为一个关键工序或一个检验批进行质量验收。基槽开挖质量验收主要涉及地基承载力的检查确认；地质条件的检查确认；开挖边坡的稳定及支护状况的检查确认。作为重要部位，基槽开挖验收均要有勘察设计单位的有关人员参加，并请当地或主管质量监督部门参加，经现场检查、测试（或平行检测），检查其地基承载力是否达到设计要求，地质条件是否与设计相符。若相符，则共同签署验收资料；若达不到设计要求或与勘察设计资料不符，则应采取措施进一步处理或进行工程变更，由原设计单位提出处理方案，承包单位施工，处理完毕后重新验收。

（2）隐蔽工程验收。隐蔽工程验收是指将被其后工程施工所隐蔽的分项工程、分部工程，在隐蔽前进行的检查验收。它是对一些已完分项工程、分部工程质量的最后一道检查，由于检查对象就要被其他工程覆盖，会给以后的检查整改造成障碍，故显得尤为重要，是质量控制的一个关键过程。

1）隐蔽工程施工完毕后，承包单位按有关技术规程、规范、施工图纸先进行自检，自检合格后，填写"报验申请表"，附上相应的工程检查证（或隐蔽工程检查记录）及有关证明材料、试验报告、复试报告等，报送项目监理机构。

2）监理工程师收到报验申请后首先对质量证明资料进行审查，并在合同规定的时间内到现场检查（检测或核查），承包单位的专职质检员及相关施工人员应随同一起到现场。

3）经现场检查，如符合质量要求，监理工程师在"报验申请表"及工程检查证（或隐蔽工程检查记录）上签字确认，准予承包单位隐蔽、覆盖，进入下一道工序施工。如现场检查发现不合格，监理工程师签发"不合格项目通知"，责令承包单位整改，整改后待自检合格再报监理工程师复查。

（3）检验批、分项工程、分部工程的验收。检验批（分项工程、分部工程）完成后，承包单位应首先自行检查验收，确认符合设计文件及相关验收规范的规定后，向监理工程师提交申请，由监理工程师予以检查、确认。若确认其质量符合要求，则予以验收。若有质量问题，则责令承包单位进行处理，待质量合乎要求后再予以检查验收。对涉及结构安全和使用功能的重要分部工程应进行抽样检测。

（4）单位工程或整个工程项目的竣工验收。在一个单位工程完工或整个工程项目完成后，施工承包单位应先进行竣工自检，自检合格后，向项目监理机构提交"工程竣工报验单"，总监理工程师组织专业监理工程师进行竣工初验，其主要工作包括四个方面：①审查施工承包单位提交的竣工验收所需的文件资料，包括各种质量控制资料、试验报告及有关的技术性文件；②审核施工承包单位提交的竣工图，并与已完工程、有关的技术文件对照进行核查；③总监理工程师组织专业监理工程师对拟验收工程项目的现场进行检查，若发现质量问题，则应责令承包单位进行处理；④对拟验收项目初验合格后，总监理工程师对承包单位的"工程竣工报验单"予以签认，并上报建设单位，同时提出"工程质量评估报告"。"工程质量评估报告"是工程验收中的重要资料，它由项目总监理工程师和监理单位技术负责人签署。"建筑工程质量评估报告是监理单位为经过初验的已竣工工程的工程质量给出的正式监理书面意见，是工程管理的重要措施之一。"[①]

工程质量评估报告主要包括：①工程项目建设概况介绍，参与各方的单位名称、负责人；②工程检验批、分项工程、分部工程、单位工程的划分情况；③工程质量验收标准，各检验批、分项工程、分部工程质量验收情况；④地基与基础分部工程中，涉及桩基工程的质量检测结论，基槽承载力检测结论，涉及结构安全及使用功能的监测结论，建筑物沉降观测资料；⑤施工过程中出现的质量事故及处理情况，验收结论；⑥结论，本工程项目（单位工程）是否达到合同约定，是否满足设计文件要求，是否符合国家强制性标准及条款的规定。

（5）不合格情况的处理。上道工序不合格，不准进入下道工序施工；不合格的材料、构配件、半成品不准进入施工现场且不允许使用；已经进场的不合格品

---

① 丁育南. 编写建筑工程质量评估报告的几点建议[J]. 建筑经济，2007（3）：87-90.

应及时标识、记录，指定专人看管，避免用错，并限期清除出现场；不合格的工序或工程产品，不予计价。

（6）成品保护。成品保护一般是指在施工过程中，有些分项工程已经完成，而其他一些分项工程正在施工，或者是在其分项工程施工过程中，某些部位已完成，而其他部位正在施工。因此，监理工程师应对承包单位所承担的成品保护的质量与效果进行经常性的检查。成品保护的一般措施有防护、包裹、覆盖、封闭，应合理安排施工顺序。

2. 技术活动结果的检验

（1）检验程序。作业活动结束后应先由承包单位的作业人员按规定进行自检，自检合格后与下一道工序的作业人员交检，满足要求则由承包单位专职质检员进行检查，以上自检、交检、专检均符合要求后，则由承包单位向监理工程师提交"报验申请表"，监理工程师接到通知后，应在合同规定的时间内对其质量进行检查，确认合格后签认验收。

（2）质量检验程度的种类。质量检验程度可分为全数检验、抽样检验和免检。

在某种情况下，可以免去质量检验过程。对于已有足够证据证明有质量保证的一般材料或产品，或实践证明其产品质量长期稳定、质量保证资料齐全者，或是某些施工质量只能通过对施工过程进行严格质量监控，而质量检验人员很难对内在质量再检验的，均可考虑免检。

（四）工程质量控制的重要手段

1. 审核技术文件

这是对工程质量进行全面监督、检查与控制的重要手段。审核的具体内容包括以下方面：

（1）审核进入施工现场的分包单位的资质证明文件，控制分包单位的质量。

（2）审批施工承包单位的开工申请书，并检查、核实、控制承包单位施工准备工作质量。

（3）审批承包单位提交的施工方案、质量计划、施工组织设计或施工计划，确保工程施工质量有可靠的技术措施予以保障。

（4）审批施工承包单位提交的有关材料、半成品和构配件质量证明文件（出厂合格证、质量检验或试验报告等），必须确保工程质量有可靠的物质基础。

（5）审核承包单位提交的体现施工程序以及工程施工质量的动态统计资料或管理图表。

（6）审核承包单位提交的有关工序产品质量的证明文件（检验记录及试验报

告）、工序交接检查（自检）、隐蔽工程检查、分部分项工程质量检查报告等文件、资料，以确保和控制施工过程的质量。

（7）审批有关工程变更、设计图纸修改等，以确保设计及施工图纸的质量。

（8）审核有关应用新技术、新工艺、新材料、新结构等的技术鉴定书，审批其应用申请报告，确保新技术、新工艺、新材料、新结构等应用的质量。

（9）审批有关工程质量问题或质量问题的处理报告。

（10）审核与签署现场有关质量技术的签证和文件等。

2．指令文件文书

指令文件是监理工程师运用指令控制权的具体形式。所谓指令文件，是表达监理工程师对施工承包单位提出指示或命令的书面文件，属于要求强制性执行的文件。监理工程师的各项指令都应是书面的或有文件记载的，方为有效，并作为技术文件资料存档。一般管理文书，如监理工程师函、备忘录、会议纪要、发布的有关信息、通报等，主要是对承包商工作状态和行为提出建议、希望和劝阻等，不属于强制性要求执行，仅供承包人自主决策参考。

3．现场监督检查

（1）现场监督检查的内容。

1）开工前的检查，主要是检查开工前准备工作的质量，能否保证正常施工及工程施工质量。

2）工序施工中的跟踪监督、检查与控制，主要是监督、检查在工序施工过程中，人员、施工机械设备、材料、施工方法及工艺或操作以及施工环境条件等是否均处于良好的状态，是否符合保证工程质量的要求，若发现有问题，则应及时纠偏并加以控制。

3）对于重要的和对工程质量有重大影响的工序和工程部位，还应在现场进行施工过程的旁站监督与控制，确保使用材料及工艺过程的质量。

（2）现场监督检查的方式。

1）旁站与巡视。旁站是指在关键部位或关键工序施工过程中，由监理人员在现场进行的监督活动。旁站的部位或工序要根据工程特点，也要根据承包单位内部质量管理水平及技术操作水平决定。一般而言，混凝土灌注、预应力张拉过程及压浆、基础工程中的软基处理、复合地基施工（如搅拌桩、悬喷桩、粉喷桩）、路面工程的沥青拌和料摊铺、沉井过程、桩基的打桩过程、防水施工、隧道衬砌施工中超挖部分的回填、边坡喷锚打锚杆等要实施旁站。

巡视是指监理人员对正在施工的部位或工序现场进行的定期或不定期的监督活动。巡视是一种"面"的活动，它不限于某一部位或过程，而旁站则是"点"

的活动，它是针对某一部位或工序开展的。

2）平行检验。监理工程师利用一定的检查或检测手段在承包单位自检的基础上，按照一定的比例独立进行检查或检测的活动。

4. 监控工作程序和支付手段

双方必须遵守的质量监控工作程序，双方要按规定的程序进行工作，这也是进行质量监控的必要手段之一。

监控支付是国际上较通用的一种重要的控制手段，也是建设单位或合同中赋予监理工程师的支付控制权。所谓支付控制权，就是对施工承包单位支付任何工程款项时，均需由总监理工程师审核确认支付证明书，没有总监理工程师签署的支付证明书，建设单位不得向承包单位支付工程款。

二、工程质量控制的统计分析方法

（一）工程质量管理数据分析

1. 质量数据的收集

（1）全数检验。全数检验是对总体中的全部个体逐一观察、测量、计数、登记，借以获得对总体质量水平的评价。

（2）随机抽样检验。抽样检验是按照随机抽样的原则，从总体中抽取部分个体组成样本，根据样品检测结果，推断总体质量水平。

抽样检验样本在总体中分布比较均匀，有充分的代表性，同时抽样检验节省人力、物力、财力、时间，且准确性高，可用于破坏性检验和生产过程的质量监控，适用于无法全数检测的项目，具有广泛的应用空间。抽样具体方法如下：

1）简单随机抽样。简单随机抽样又称纯随机抽样或完全随机抽样，是对总体不进行任何加工，直接进行随机抽样，获取样本。

2）分层抽样。分层抽样又称分类或分组抽样，是将总体按与研究目的有关的某一特性分为若干组，然后在每组内随机抽取样品组成样本，完成分层抽样。

3）等距抽样。等距抽样又称机械抽样或系统抽样，是将个体 N 按某一特性排队编号后均分为 n 组，每组有 $K=N/n$ 个个体，然后在第一组内随机抽取第一件样品，以后每隔一定距离抽选出其余样品组成样本。例如，流水作业线上每生产 100 件产品抽出一件产品作为样品，直到抽出 n 件产品组成样本。

4）整群抽样。整群抽样一般是将总体按自然存在的状态分为若干群，从中抽取样品群组成样本，在样品群内进行全数检验。

上述抽样方法的共同特点是整个过程中只有一次随机抽样，统称单阶段抽样。总体很大时，很难一次抽样完成预定的目标。多阶段抽样是将各种单阶段抽样方法结合使用，通过多次随机抽样来实现抽样。

2．质量数据的分类

质量数据是指由个体产品质量特性值组成的样本（总体）的质量数据集，统计上称为变量；个体产品质量特性值称为变量值。

根据质量数据的特点，质量数据可分为计量值数据和计数值数据。

（1）计量值数据。是可以连续取值的数据，属于连续型变量。特点是在任意两个数值之间都可以取精度较高一级的数值，通常由测量得到，如重量、强度、几何尺寸、标高、位移等。一些属于定性的质量特性，可通过专家主观评分、划分等级数量化，数据也属于计量值数据。

（2）计数值数据。只能按0，1，2，数列取值计数，属于离散型变量，通过计数得到。计数值数据可分为计件值数据和计点值数据。计件值数据表示具有某一质量标准的产品个数，如总体中合格品数、一级品数。计点值数据表示个体（如单件产品、单位长度、单位面积、单位体积等）上的缺陷数、质量问题点数等。例如，检验钢结构构件涂料涂装质量时，构件表面的焊渣、焊疤、油污、毛刺数量等。

3．质量数据的特征值

样本数据特征值是指根据样本数据计算的、描述样本质量数据波动规律的指标。统计推断，是根据这些样本数据特征值来分析、判断总体的质量状况。常用指标有：描述数据分布集中趋势的算术平均数、中位数；描述数据分布离散趋势的极差、标准偏差、变异系数等。

4．质量数据的分布特征

（1）质量数据的特性。质量数据具有个体数值的波动性和总体（样本）分布的规律性。实际质量检测中发现，即使生产过程是在稳定正常的情况下，同一总体（样本）的个体产品的质量特性值也是互不相同的。这种个体间表现形式上的差异性，反映在质量数据上即为个体数值的波动性、随机性。然而当运用统计方法对这些大量丰富的个体质量数值进行加工、整理和分析后，发现这些产品质量特性值（以计量值数据为例）大多都分布在数值变动范围的中部区域，即有向分布中心靠拢的倾向，表现为数值的集中趋势；还有一部分质量特性值在中心的两侧分布，随着逐渐远离中心，数值的个数变少，表现为数值的离中趋势。质量数据的集中趋势和离中趋势反映了总体（样本）质量变化的内在规律性。

（2）质量数据波动的原因。影响产品质量的因素主要有五个方面，即人（包括质量意识、技术水平、精神状态等）、材料（包括材质均匀度、理化性能等）、机械设备（包括其先进性、精度、维护保养状况等）、方法（包括生产工艺、操作方法等）、环境（包括时间、季节、现场温湿度、噪声干扰等），同时，这些因素自身也在不断发生变化。个体产品质量表现形式的千差万别就是这些因素综合作用的结果，质量数据因此具有了波动性。

在质量标准允许范围内，质量特性值的变化波动称为正常波动，由偶然性原因引起；超出了质量标准允许范围的波动称为异常波动，由系统性原因引起。

（3）质量数据分布的规律性。每件产品在产品质量形成的过程中，单个影响因素对其影响的程度和方向是不同的，也是在不断改变的。众多因素交织在一起，共同起作用，各因素引起的差异大多互相抵消，最终表现出来的误差具有随机性。对于在正常生产条件下生产的大量产品，误差接近零的产品数目要多些，具有较大正负误差的产品相对少些，偏离很大的产品就更少了，同时正负误差绝对值相等的产品数目非常接近。于是就形成了一个能反映质量数据规律性的分布，即以质量标准为中心的质量数据分布，它可用一个"中间高、两端低、左右对称"的几何图形表示，即一般服从正态分布。

（二）工程质量控制的分析方法

采用工程质量控制的分析方法，有助于发现质量问题，提供决策参考。控制工程质量需要针对问题采取措施，落到实处，才能取得成效。常用的方法有分层法、统计调查表法、排列图法、因果分析图法，可以根据具体情况选用。

1. 分层法

分层法又叫分类法，是将调查收集的原始数据，根据不同的目的和要求，按某一性质进行分组、整理的分析方法。分层的结果使数据各层间的差异突出地显示出来，层内的数据差异减少。在此基础上再进行层间、层内的比较分析，可以更深入地发现和认识质量问题的产生原因。由于产品质量是多方面因素共同作用的结果，因而对同一批数据，可以按不同性质分层，以便能从不同角度来考虑、分析产品存在的质量问题和影响因素。

常用的分层方式有按操作班组或操作者分层，按使用机械设备型号分层，按操作方法分层，按原材料供应单位、供应时间或等级分层，按施工时间分层，按检查手段、工作环境分层。

2. 统计调查表法

统计调查表法又称统计调查分析法，它是利用专门设计的统计表对质量数据进行收集、整理和粗略分析质量状态的一种方法。

在质量控制活动中，利用统计调查表收集数据，简便灵活，便于整理，实用有效。它没有固定格式，可根据需要和具体情况，设计出不同的统计调查表。常用的调查表有分项工程作业质量分布调查表、不合格项目调查表、不合格原因调查表和施工质量检查评定用调查表等。

3. 排列图法

排列图法是质量控制的静态分析法，反映的是质量在某一段时间内的静止状态。但是产品都是在动态的生产过程中形成的，因此，还必须结合动态分析法。

排列图可以形象、直观地反映主次因素。其主要应用有：

（1）按不合格点的内容分类，可以分析出造成质量问题的薄弱环节。

（2）按生产作业分类，可以找出生产不合格品最多的关键过程。

（3）按生产班组或单位分类，可以分析比较各单位技术水平和质量管理水平。

（4）将采取提高质量措施前后的排列图进行对比，可以分析措施是否有效。

（5）可以用于成本费用分析、安全问题分析等。

4. 因果分析图法

因果分析图法是利用因果分析图来系统地整理、分析某个质量问题（结果）与其产生原因之间关系的有效工具。因果分析图也称特性要因图，又因其形状常被称为树枝图或鱼刺图。因果分析图是由质量特性（即质量结果，指某个质量问题）、要因（产生质量问题的主要原因）、枝干（指一系列箭线表示不同层次的原因）、主干（指较粗的、直接指向质量结果的水平箭线）等组成。

第四章 水利工程建设的进度控制及管理

第一节 进度计划与施工组织设计

一、施工进度计划

施工进度计划是工程建设的纲领性文件,虽然它是施工组织设计的一个组成部分,但施工组织设计的其他工作都是围绕着施工进度计划进行的,其目的就是确保施工进度计划有序顺利进行,以使工程项目的各项工程内容能够在规定的时间正常开工和完工。

施工进度计划按工程规模编制,可分为总进度计划、单位工程施工进度计划、分部分项工程进度计划。总进度计划规定总体工程开工准备的时间以及总体工程和组成总体工程的各单位工程的开工和竣工时间;分部分项工程进度计划规定分项工程和组成分项工程的各工种施工工程的开始时间和完工时间。施工进度计划按时间编制,可分为年度进度计划和季度进度计划。

(一)施工进度计划的分类

施工进度计划按编制方法划分,可分为横道图法和网络计划技术。

(1)横道图法。又称为生产计划进度图,它以横轴表示项目的开工时间、持续时间和完工时间,纵轴表示项目,很直观地反映了同一时间段各项工作的时间搭接程度、合同工种施工的相对施工强度,自发明之日起一直沿用至今。在国内生产计划使用中习惯称为横道图。

(2)网络计划技术。可分为关键路线法和计划评审技术,它们分别由美国杜邦化学公司和美国海军武器周特别规划室独立完成。两者的区别在于关键路线法的每一活动时间是确定的,而计划评审技术的每一活动时间是基于概率估计的。

(二)施工进度计划的编制方法

施工进度计划的编制方法如下:

(1)依据工程项目枢纽布置,设计图纸、勘测等技术资料,做好项目的划分工作。

(2)依据合同约定的项目开工、竣工日期,确定进度计划控制的总目标及关键线路。

（3）依据施工导流方案、临时建筑物和永久建筑物安全度汛要求，确定相应建筑物的开工日期、施工进度和完工时间。

（4）在分部分项工程施工方案中，确定人、材、物供应计划、施工强度，计算工程工期。

（5）绘制施工进度计划图。

（6）根据施工进度计划图进行人、财、物供应计划和施工强度均衡分析，调整施工进度计划。

（三）施工进度风险控制

施工进度风险控制包括施工进度计划编制过程中的风险控制和施工进度计划实施过程中的风险控制。

施工进度编制过程中的风险控制具有前瞻性，以预防为主，通过风险因素分析，以降低影响施工进度顺利实施发生的概率为目标，从而使主体工程及组成主体工程的各单位工程的开竣工时间以及为主体工程施工顺利进行的临时工程的开竣工时间按进度计划顺利实现。

施工进度计划实施过程中的风险控制具有现实性，以纠偏为主，通过分析偏差出现的原因，及时调整施工组织方案，使进度计划顺利实施。

二、施工组织设计

施工组织设计是用来指导拟建工程项目在施工全过程中各项活动的技术、经济和组织的综合性文件。

施工组织设计的编制是一个复杂的系统工程，无论所建工程项目规模如何，都受到社会、经济、环境等多方面因素的影响和制约，只有做好施工组织设计，才能使工程按计划有序进行，这就要求对影响工程建设的各因素进行系统分析，采取切实可行的措施，降低施工进度计划风险发生的概率，因此，编制好施工组织设计是降低施工进度风险的重要保证之一。

（一）施工组织设计的原则

施工组织设计的原则如下：

（1）遵纪守法的原则。水利工程建设要符合国家、地方法律、法规及行业的标准和技术规范。

（2）实事求是的原则。施工企业应根据所建工程规模，自然、社会、经济环境等条件，结合企业自身的实力，做到编制工作量力而行，所编方案切实可行。

（3）统筹规划的原则。水利工程建设工期长，涉及的工种多，施工时受到水文气象等多方面因素的影响，从原材料供应、料场规划到合理安排各分部工程施工时间都需要做好系统统筹、综合平衡。

（4）促进科技进步的原则。随着科学技术的发展，在水科学领域不断有新的科技成果被推出，这些新技术、新材料、新工艺和新设备需要在实践中检验其经济效益和技术水平，因此在确保所建工程项目安全、经济效益良好的情况下，应尽量采用。

（二）施工组织设计的依据

（1）法律法规方面。施工组织设计的法律法规依据主要包括：国家、地方政府的有关法律、法规或条例；行业的技术标准和规范；企业的规章制度；项目建设的各项批复文件；项目的合同文件；等等。

（2）项目技术文件方面。可行性研究报告、设计图纸和资料，水文、气象、工程地质等勘测成果。

（3）社会、经济、环境方面。区域社会经济发展状况，教育、医疗卫生、生活条件，生产和生活物资供应能力、建筑材料和劳动力供应条件、机修和设备零件加工能力、施工电源和水源供应情况、对外交通、地方政府或业主对本工程建设的要求。

（4）区域环境发展状况，水质、森林、植被、水土流失情况；河流的综合利用状况，旅游、防洪、灌溉、航运、供水等现状。

（5）施工企业状况。资质等级、技术人员数量水平，拥有技术专利数量，施工机械设备先进程度、数量和折旧程度等。

（6）结合本工程项目开展的科学研究、试验成果等。

（三）施工组织设计的内容

水利工程在不同的阶段，施工组织设计编制的内容有所不同，主要分析施工组织设计中施工进度风险的相关内容，因此，施工组织设计编制的内容主要为投标阶段的编制内容，主要包括：

（1）工程任务情况及施工条件分析。

（2）施工总方案、主要施工方法、工程施工进度计划、主要单位工程综合进度计划和施工力量、机具及部署。

（3）施工组织技术措施，包括工程质量、施工进度、安全防护、文明施工以及环境污染防治等各种措施。

（4）施工总平面布置图。

（5）总包和分包的分工范围及交叉施工部署等。

第二节　施工进度管理的风险分析

一、自然风险因素分析

自然风险是指在工程项目实施过程中，自然条件的不确定性，工程建设之前需要进行一系列的勘察、设计、施工，并且层层审查、审批。但是，工程建设中不确定因素太多，只能从安全角度避免风险，不可能完全消除风险。

（1）不利的气象条件。气象条件是偶然的、随机的、不确定的，对工程而言，恶劣的气象条件会减缓工程进度甚至使工程无法继续进行，更甚的会造成一定的经济损失。

（2）不利的水文条件。不利的水文条件包括暴雨、洪水、泥石流、地下水位高等，这些因素可能对工程产生极大的不利影响。

（3）不利的地质条件。虽然工程经过勘查、设计，但是也不排除有未探明的地质情况存在，尤其是软弱夹层、破碎带、有毒气体等严重威胁工程安全、质量、进度的因素，在处理不利的地质条件时，必然会增加额外的工作，从而导致工期延误。

（4）地震。地震是对水利工程破坏力较大的地质活动，一旦发生地震，有可能对正在实施的水利工程产生较大的破坏。虽然主体工程在设计过程中对建筑物进行了抗震的分析及设计，但是，一般抗震设计只针对已建成工程，不对正在实施的项目进行抗震分析及设计，这就导致工程在实施过程中有可能遭受地震破坏，从而可能导致工期延误甚至停工。

二、项目参建方因素分析

（1）业主方面的因素。

1）工程建设手续不完备。业主为了其利益，违反建设程序，在施工前需要办理的手续未上报或者未完成，就要求施工单位开始施工，被有关部门查处从而造成停工或工期延误。

2）施工场地没准备好。工程在开工前，应该将工程占地手续办妥，并且保证工程进场前，通水、通电、通路，场地平整。否则虽然业主同意施工企业进场，但是没有开工所需的必要条件，施工企业进场也只能是徒劳，并且施工企业进场之后造成人工、材料、机械的闲置，导致更大的损失，有可能对业主进行索赔，更不利于工程的顺利进行。

3）业主要求变更设计。部分业主对工程的使用要求有变，使得已经开始施工的项目必须补充或者变更设计，出现了边勘察、边设计、边施工的"三边"现象，造成工程施工过程中出现编制施工计划时意想不到的问题，导致工期延误或者停工。

（2）设计方面。虽然工程经过详细的设计，并且经过专业审查和有关部门的层层审批，但不免在工程施工中出现设计不合理或者无法施工的情况，导致设计变更或者施工图纸无法赶上工程施工的进度，导致工期延误或者停工。

（3）监理方面。监理单位在施工过程中应对工程质量起到监督、检查的作用。其中包括工序的安排、设计文件的校验、检查，协调业主与承包商之间的关系，将建设单位的意图准确传达给承包商等。这些职责，有一项延误都会对工期造成影响甚至停工。

（4）分包商之间协调不力。业主在把主要工程发包给施工企业的同时，把分项工程或劳务分包给其他企业，而总包与分包之间缺乏沟通与协作，总包与分包的关系难以协调，从而导致工程延误甚至停工。

（5）其他影响。

1）内外交通不达标的影响。施工现场内外交通达不到设计要求，影响交通运输，不能保证材料、物资的正常供应和机械设备的正常运行使用，导致工程项目的窝工或停工。

2）突发事件对工程的影响。工程所在地出现环境污染、生态恶化、强雨、强雪、强风等突发事件，造成的供水、供电、交通中断会对工程产生不利影响。

三、承包方风险因素分析

（1）施工组织计划不当。施工组织主要包括各单位、专业、工序之间的衔接、配合，对人员、机械、材料的合理利用和安排，从而使工程顺利、有条不紊的进行。管理在任何一个环节出现问题都会对工期产生影响。

（2）施工方案不当。施工方案是施工企业根据工程任务、设计要求、现场条件，对未开工的项目进行的规划、策划。包括对现场气象、地质、水文条件及现有资源的分析，根据设计工程量确定施工强度和主体工程施工方法，由强度确定人工、材料、机械的配置以及进行细部工程设计。施工方案直接指导工程的现场施工，方案的可行程度对工程的实施直接起决定性作用。施工方案考虑不当，会使工程效率低下，资源利用率不高，机械闲置或者不足，造成施工成本增加和工期延长。

（3）经常出现质量或安全事故。项目管理的三大目标为：安全控制、进度控制和质量控制。三者之间相互影响，相互制约。工程出现质量问题，必然导致修复返工等；工程安全出现问题更会因处理事故拖延工期。因此提前制定安全预案和质量控制方案，对于控制工程进度尤为重要。

（4）施工人员、施工机械生产效率低。人员的控制是施工管理的重点和难点，因为施工人员在工作能力、素质、专业素养等方面参差不齐，即使制定统一的标准也未必能达成满意的效果，还有的施工企业将劳务进行分包，就更不利于对人员的管理和控制。因此，在人员管理方面应从长远着手，打造一支有较强专业、能力、素质的团队，培养一批属于自己企业的技术人员。

第三节　网络计划技术及其优化

一、网络计划技术

"网络计划技术在建筑施工管理中起着重要作用，基于网络计划技术的建筑施工管理方法证明：科学运用信息系统知识管理项目，能确保项目顺利实施，为施工企业管理者提供合理的施工项目管理思路，提高施工项目质量，加快施工工期[①]"。网络计划技术的优点包括：①全面、明确地表达各项工作开展的先后顺序，反映各项工作之间的相互制约和依赖关系；②进行各种时间参数的计算；③便于找出决定工程进度的关键工作，抓主要矛盾，确保工期，避免盲目施工；④便于在多种可行方案中，选出最优方案；⑤预见变化对整个计划的影响程度，进行适当调整，保证对计划的有效控制与监督；⑥便于按照进度，调配人力、物力，降低成本；⑦方便计算机管理。

（一）工作

工作也称过程、活动、工序，分为以下三种：
（1）需要消耗时间和资源，是实际存在的工作。
（2）只消耗时间而不消耗资源（如混凝土的养护），是实际存在的工作。
（3）既不消耗时间，也不消耗资源，是人为的虚设工作，只表示相邻前后工作之间的逻辑关系，通常称其为"虚工作"，以虚线表示，其表示形式可垂直向上或向下，也可水平向右。

---

① 许凯元. 基于网络计划技术的建筑施工管理方法[J]. 散装水泥，2022（03）：51-53.

（二）节点

节点也称结点、事件。在双代号网络图中，在箭线的出发和交汇处画上圆圈，用以表示该圆圈前面一项或若干项工作的结束，和允许后面一项或若干项工作开始的时间点，称为节点。节点不同于工作，它只标志着工作的结束和开始的瞬间，具有承上启下的衔接作用，而不需要消耗时间或资源。表示整个计划开始的节点，称为网络图起点节点；表示整个计划最终完成的节点，称为网络图终点节点；其余称为中间节点。

给每一个节点编号，便于计算网络图的时间参数和检查网络图是否正确。习惯上从起点节点到终点节点，由小到大编号，每项工作中，箭尾的编号一定要小于箭头的编号。节点编号的方法有以下两种：

（1）根据编号方向不同，可以沿着水平方向进行编号，也可以沿着垂直方向进行编号。

（2）根据编号数字是否连续，可分为连续编号法（即按自然数的顺序进行编号）和间断编号法（一般按奇数或偶数的顺序进行编号）。

采用非连续编号，可以适应计划调整，增添工作，留有余地。

（三）线路

网络图中从起点节点开始，沿线方向连续通过一系列线与节点，最后到达终点节点的通路称为线路。每一条线路都有自己确定的完成时间，它等于该线路上各项工作持续时间的总和，也是完成这条线路上所有工作的计划工期。

二、网络计划的优化

网络计划的优化有工期优化、费用优化和资源优化三种。费用优化又叫时间成本优化；资源优化分为资源有限-工期最短的优化和工期固定-资源均衡的优化。

（一）工期优化

工期优化是在网络计划的工期不满足要求时，通过压缩计算工期以达到要求工期目标，或在一定约束条件下使工期最短的过程。

（1）优化途径包括：①将关键工作分解，组织平行作业或平行交叉作业；②压缩关键工作的持续时间。从资源上压缩，从非关键工作上抽调资源，支援关键工作，缩短关键工作的持续时间，从计划外抽调资源，支援关键工作，缩短关键工作的持续时间；从技术上压缩，主要是进行技术改革，改进施工工艺、引进先进设备，缩短关键工作的持续时间。

（2）压缩工作有两个原则：一个是潜力最大原则，选择压缩潜力最大的工作，即容易大幅度压缩的工作；另一个是代价最小原则。

（3）网络计划的工期优化步骤如下：

1）求出计算工期，找出关键线路及关键工作。

2）按要求工期，计算工期应缩短的时间目标。

3）确定各关键工作能缩短的持续时间。

4）将应优先缩短的关键工作，压缩至最短持续时间，并找出新关键线路。若此时被压缩的工作变成非关键工作，则应将其持续时间延长，使之仍为关键工作。

5）若计算工期仍超过要求工期，则重复以上步骤，直到满足工期要求或工期已不能再缩短为止。

（二）费用优化

在一定范围内，工程的施工费用随着工期的变化而变化，在工期与费用之间存在着最优解的平衡点。费用优化就是寻求最低成本时的最优工期及其相应进度计划，或按要求工期寻求最低成本及其相应进度计划的过程。因此，费用优化又叫"工期-成本"优化。

（1）工期与成本的关系。工程的成本包括工程直接费和间接费两部分。工程的总成本曲线是将不同工期的直接费和间接费叠加而成的，其最低点就是费用优化所寻求的目标。

（2）加快项目进度的方法如下：

1）提高现有资源的生产率。

2）改变施工活动的工作方式，一般可以通过改变使用的技术或者资源的类型来实现。

3）增加项目资源的数量，包括人力和设备。

（三）资源优化

资源是完成施工任务所需的人力、材料、机械设备和资金等的统称。完成一项工程任务所需的资源量基本上是不变的，不可能通过资源优化将其减少。资源优化是通过改变工作的开始时间，使资源按时间分布，符合优化目标。

（1）资源有限-工期最短优化。资源有限-工期最短优化，是通过调整计划安排，以满足资源限制条件，并使工期延长最少。其优化步骤如下：

1）计算网络计划每天资源的需用量。

2）从计划开始日期起，逐日检查每天资源需用量是否超过资源的限制量，如果在整个工期内，每天均能满足资源限量的要求，可行优化方案即编制完成，否则，必须进行计划调整。

3）调整网络计划，对资源有冲突的工作，做新的顺序安排，顺序安排的选择标准是工期延长的时间最短。

4）重复上述步骤，直至出现最优方案为止。

（2）工期固定-资源均衡优化。工期固定-资源均衡优化，是通过调整计划安排，在工期保持不变的条件下，使资源尽可能均衡的过程。可用方差或标准差来衡量资源的均衡性，即方差越小越均衡。

第四节　施工进度计划的实施与管理

一、施工进度计划的实施

（一）发布开工令

监理机构应严格审查工程开工应具备的各项条件，并审批开工申请。

1. 合同工程开工

（1）监理机构应在施工合同约定的期限内，经发包人同意后向承包人发出开工通知，要求承包人按约定及时调遣人员、施工设备以及材料进场进行施工准备。开工通知中应明确开工日期。

（2）监理机构应协助发包人向承包人移交施工合同约定应由发包人提供的施工用地、道路、测量基准点以及供水、供电、通信设施等开工的必要条件。

（3）承包人完成开工准备后，应向监理机构提交开工申请表。监理机构在检查发包人和承包人的施工准备满足开工条件后，批复承包人的合同项目开工申请。

应由发包人提供的施工条件包括：①首批开工项目施工图纸和文件的供应；②测量基准点的移交；③施工用地的提供；④施工合同中约定应由发包人提供的道路、供电、供水、通信及其他条件和资源。

应由承包人提供的施工条件包括：①承包人派驻现场的主要管理人员、技术人员及特种作业人员是否与施工合同文件一致，如有变化，应重新审查并报发包人认可；②承包人进场施工设备的数量、规格和性能是否符合合同要求，进场情况和计划是否满足开工及施工进度的需要；③进场原材料、中间产品和工程设备的质量、规格是否符合施工合同约定，原材料的储存量及供应计划是否满足工程开工及施工进度的需要；④承包人的检测条件或委托的检测机构是否符合施工合同的约定及有关规定；⑤承包人对发包人提供的测量基准点的复核，以及承包人在此基础上完成施工测量控制网的布设及施工区原始地形图的测绘情况；⑥砂石料系统、混凝土拌和系统或商品混凝土供应方案以及场内道路、供水、供电、供风及其他施工辅助加工厂、设施的准备情况；⑦承包人的质量保证体系；⑧承包人的安全生产管理机构和安全措施文件；⑨承包人提交的施工组织设计、专项施工方案、施工措施计划、施工总进度计划、资金流计划、安全技术措施、度汛方案和灾害应急预案等；⑩应由承包人负责提供的施工图纸和技术文件；⑪按照施工合同约定和施工图纸要求需进行的施工工艺试验和料场规划情况；⑫承包人在施工准备完成后递交的合同工程开工申请报告。

（4）承包人原因使工程未能按施工合同约定时间开工，监理机构应通知承包人在约定时间内提交赶工措施报告，并说明延误开工原因，由此增加的费用和工期延误造成的损失由承包人承担。

（5）发包人原因使工程未能按施工合同约定时间开工，监理机构在收到承包人提出的顺延工期的要求后，应立即与发包人和承包人共同协商补救办法，由此增加的费用和工期延误造成的损失由发包人承担。

2．分部工程开工

监理机构应审批承包人报送的每一分部工程开工申请表，审核承包人递交的施工措施计划，检查该分部工程的开工条件，确认后签发分部工程开工批复。

3．单元工程开工

第一个单元工程在分部工程开工申请获批准后开工，后续单元工程凭监理工程师签认的上一单元工程施工质量合格文件方可开工。

4．混凝土浇筑开仓

监理机构应对承包人报送的混凝土浇筑开仓报审表进行审批，符合开仓条件后，方可签发。

（二）施工进度计划的审批

监理机构应在工程项目开工前，依据发包人编制的控制性总进度计划审批承包人提交的施工总进度计划。在施工过程中，依据施工合同约定审批各单位工程进度计划，逐阶段审批年、季、月施工进度计划，承包人编报的工程进度计划经监理机构正式批准后，就作为"合同性施工进度计划"，成为合同的补充性文件，具有合同效力，对发包人和承包人都具有约束作用。同时它也是以后处理可能出现的工程延期和索赔的依据之一。

施工总进度计划一般以横道图或网络图的形式编制，"以网络图为基础进行项目进度控制可以明确表达不同工作之间的逻辑关系，以更好地分析不同工作的关系与影响，便于对不同工作时间参数进行计算，更好地区分关键工作与非关键工作，明确进度控制重点[①]"。同时应说明施工方法、施工场地、道路利用的时间和范围、发包人所提供的临时工程和辅助设施的利用计划，并附机械设备需要计划、主要材料需求计划、劳动力计划、财务资金计划及附属设施计划等。

1. 施工总进度计划的内容

施工总进度计划的主要内容如下：

（1）物资供应计划。为了实现月、周施工计划，对需要的物资必须落实，主要包括：机械需要计划，如机械名称、数量、工作地点、入场时间等；主要材料需要计划，如钢筋、水泥、木材、沥青、砂石料等建筑材料的规格、品种及数量；主要预制件的规格、品种及数量等供应计划。

（2）劳动力平衡计划。根据施工进度及工程量，安排落实劳动力的调配计划，包括各个时段和工程部位所需劳动力的技术工种、人数、工日数等。

（3）资金流量计划。在中标函签发日之后，承包商应按合同规定的格式按月提交资金流估算表，估算表应包括承包人计划可从发包人处得到的全部款额，以供发包人参考。

（4）技术组织措施计划。根据施工总进度计划及施工组织设计等要求，编制关于技术组织措施方面的具体工作计划。如保证完成关键作业项目、安全施工等。

（5）附属企业生产计划。大、中型土建工程一般有不少附属企业，如金属结构加工厂、预制件厂、混凝土骨料加工厂、钢木加工厂等。这些附属企业的生产是否按计划进行，对保证整个工程的施工进度有重大影响。因此，附属企业的生产计划是工程施工总进度计划的重要组成部分。

2. 施工总进度计划的审查

施工总进度计划应符合发包人提供的资金、施工图纸、施工场地、物资等施工条件。项目监理机构收到施工单位报审的施工总进度计划和阶段性施工进度计划时，应对照内容进行审查，提出审查意见。发现问题时，应以监理通知单的方式及时向发包人提出书面修改意见，并对施工单位调整后的进度计划重新进行审查，发现重大问题时应及时向发包人报告。施工总进度计划经总监理工程师审核签认，并报发包人批准后方可实施。

施工总进度计划一经总监理工程师批准，就作为"合同性进度计划"，对发包人和承包人都具有约束作用，所以监理机构应细致、严格地审核承包商呈报的施工总进度计划。一般，审查内容包括以下方面：

（1）是否符合监理机构提出的施工总进度计划编制要求。

---

① 吕建平. 网络图在项目施工进度控制中的应用[J]. 建设科技，2022（增刊1）：132-134.

（2）在施工总进度计划中有无项目内容漏项或重复的情况。

（3）施工总进度计划与合同工期和阶段性目标的响应性和符合性。

（4）施工总进度计划中各项目之间逻辑关系的正确性与施工方案的可行性。

（5）施工总进度计划中关键线路安排的合理性。

（6）人员、施工设备等资源配置计划和施工强度的合理性。

（7）原材料、中间产品、工程设备供应计划与施工总进度计划的联系与协调。

（8）本合同工程施工与其他合同工程施工之间的协调性。

（9）其他应审查的内容。

3．施工总进度计划审批的程序

（1）承包人应在施工合同约定的时间内向监理机构报送施工总进度的计划。

（2）监理机构应在收到施工总进度计划后及时进行审查，提出明确批复意见。必要时召集由发包人、设计单位参加的施工总进度计划审查专题会议，听取承包人的汇报，并对有关问题进行分析研究。

（3）如施工总进度计划中存在问题，监理机构应提出审查意见，交承包人进行修改或调整。

（4）审批承包人提交的施工总进度计划或经修改、调整后的施工总进度和计划。

4.分阶段、分项目施工进度计划的审批

监理机构应要求承包人依据施工合同约定和批准的施工总进度计划，分年度编制年度施工进度计划，报监理机构审批。另外，根据进度控制需要，监理机构可要求承包人编制季、月或日施工进度计划以及单位工程或分部工程施工进度计划，报监理机构审批。

监理机构审批年、季、月施工进度计划的目的是，看其是否满足合同工期和施工总进度计划的要求。如果承包人计划完成的工程量或工程面貌满足不了合同工期和总进度计划的要求（包括防洪度汛、向后续承包人移交工作面、河床截流、下闸蓄水、工程竣工、机组试运行等），则应要求承包人采取措施，如增加计划完成工程量、加大施工强度、加强管理、改变施工工艺、增加设备等。

一般来说，监理机构在审批月、季施工进度计划时应注意以下方面：

（1）首先应了解承包人上个计划期完成的工程量和形象面貌情况。

（2）分析承包人所提供的施工进度计划（包括季、月）是否能满足合同工期和施工总进度计划的要求。

（3）为完成施工进度计划所采取的措施是否得当，施工设备、人员能否满足要求，施工管理上有无问题。

（4）核实承包商的材料供应计划与库存材料数量，分析其是否满足施工进度计划的要求。

（5）是否能够保证施工进度计划中所需的施工场地、通道。

（6）施工图供应计划是否与施工进度计划协调。

（7）工程设备供应计划是否与施工进度计划协调。

（8）该承包人的施工进度计划与其他承包人的施工进度计划是否相互干扰。

（9）为完成施工进度计划所采取的方案对施工质量、施工安全和环保有无影响。

（10）计划内容、计划中采用的数据有无错漏之处。

（三）实际施工进度的检查

1．施工进度的检查

通常，监理机构可采取如下措施了解现场施工进度情况。

（1）定期检查承包人的进度报表资料。在合同实施过程中，监理工程师应随时监督、检查和分析承包商的施工日志，其中包括日进度报表和作业状况表。报表的形式可由监理工程师提供或由承包人提供，经监理工程师同意后实施。施工对象不同，报表的内容有所区别，通常包括下列内容：

1）日进度报表。日进度报表一般应包括如下内容：①工程名称；②施工工作项目名称；③发包人名称；④承包人名称；⑤监理单位名称；⑥当日水文、气象记录；⑦工作进展描述；⑧人员使用情况；⑨材料消耗情况；⑩施工设备使用情况；⑪发生的重要事件及其处理情况；⑫报表编号及日期；⑬签名。

2）作业状况表。为了保证承包人施工记录的真实性，监理机构一般要求施工日志应始终保留在现场，供监理工程师监督、检查。

（2）跟踪检查进度执行情况。监理人员进驻施工现场，具体检查进度的实际执行情况，并写好监理日志。为了避免承包人超报完工数量，监理人员有必要进行现场实地检查和监督。在施工现场，监理人员除检查具体的施工活动外，还要注意工程变更对进度计划实施的影响，其中包括：

1）合同工期的变化。任何合同工期的改变，如竣工日期的延长，都必须反映到实施计划中，并作为强制性的约束条件。

2）后续工作的变动。有时承包人从自己的利益考虑，未经允许改变一些后续施工活动。一般地，只要这些变动对整个施工进度的关键控制点无影响，监理人员可不加干涉，但是，如果变动大，则可能影响到各项施工活动之间正常的逻辑关系，进而对总进度产生影响。因此，现场监理人员要严格监督承包人按计划施工，避免类似情况的发生。

3）材料供应日期的变更。现场监理人员必须随时了解材料物资的供应情况，了解现场是否出现由于材料供应不上而造成施工进度拖延的现象。

施工日志是监理机构进行施工合同管理的重要记录，应正式整理存档。其作用是：①掌握现场情况，作为施工进度分析的依据；②处理合同问题中重要的同期记录；③监理机构内部逐级通报施工进度情况的基础依据，也是监理人向发包人编报施工进度报告、协助发包人向贷款银行编报施工进度报告的依据；④审查承包人施工进度报告的依据。

（3）定期召开生产会议。监理人员组织现场施工负责人召开现场生产会议，是获得现场施工信息的另一种重要途径。同时，通过这种面对面的交谈，监理人员还可以从中了解到施工活动潜在的问题，以便及时采取相应的措施。

2. 施工进度与计划进度的比较

实际进度与计划进度的比较是施工进度监测的主要环节，通过比较可以实时掌握工程施工进展情况，若出现偏差，可及时作出调整。常用的施工进度比较方法有横道图、S曲线、香蕉曲线、前锋线、列表比较和形象进度图比较法等。

（1）横道图法。横道图是一种简单、直观的进度控制表图，在施工进度图编制完成后，可进而编制相应的人员、材料、设备、图纸和财务收支等各种计划表。横道图法虽有简单、形象直观、易于掌握、使用方便等优点，但由于其以横道图计划为基础，因而带有不可克服的局限性。在横道图计划中，各项工作之间的逻辑关系表达不明确，关键工作和关键线路无法确定。一旦某些工作实际进度出现偏差，难以预测其对后续工作和工程总工期的影响，也就难以确定相应的进度计划调整方法。因此，横道图法主要用于工程项目中某些工作实际进度与计划进度的局部比较。

（2）S曲线法。S曲线比较法是以横坐标表示时间、纵坐标表示累计完成工程量（也可用累计完成量的百分数表示），绘制一条按计划时间累计完成工程量的曲线，然后将工程项目实施过程中各检查时间实际累计完成工程量也绘制在同一坐标系中，进行实际进度与计划进度比较的一种方法。

（3）香蕉曲线法。香蕉曲线是由两条S曲线组合而成的闭合曲线。由S曲线比较法可知，工程累计完成的任务量与计划时间的关系可以用一条S曲线表示。对于一个工程项目的网络计划来说，如果以其中各项工作的最早开始时间安排进度而绘制S曲线，称为ES曲线；如果以其中各项工作的最迟开始时间安排进度而绘制S曲线，称为LS曲线。两条S曲线具有相同的起点和终点，因此两条曲线是闭合的。在一般情况下，ES曲线上的其余各点均落在LS曲线的相应点的上方。由于该闭合曲线形似"香蕉"，故称为香蕉曲线。

香蕉曲线比较法能直观地反映工程项目的实际进展情况，并可以获得比 S 曲线更多的信息。其主要作用如下：

1）合理安排工程项目进度计划。如果工程项目中的各项工作均按其最早开始时间安排进度，将导致项目的投资加大；如果各项工作都按其最迟开始时间安排进度，则一旦受到进度影响因素的干扰，又将导致工期拖延，使施工进度风险加大。因此，一个科学合理的进度计划优化曲线应处于香蕉曲线所包络的区域之内。

2）定期比较工程项目的实际进度与计划进度。在工程项目的实施过程中，根据每次检查收集到的实际完成任务量，绘制出实际进度 S 曲线，便可以与计划进度进行比较。工程项目实施进度的理想状态是任一时刻工程实际进展点应落在香蕉曲线图的范围之内，如果工程实际进展点落在 ES 曲线的上方，表明此刻实际进度比各项工作按其最早开始时间安排的计划进度超前；如果工程实际进展点落在 LS 曲线的下方，则表明此刻实际进度比各项工作按其最迟开始时间安排的计划进度拖后。

3）预测后期的工程进展趋势。利用香蕉曲线可以对后期工程的进展情况进行预测。

（4）前锋线比较法。在时标网络计划图中，在原时标网络计划上，从检查时刻的时标点出发，用点画线依次将各项工作实际进展位置点连接而成的折线称为前锋线。前锋线比较法，是通过实际进度前锋线与原进度计划中，各工作箭线交点的位置来判断工程实际进度与计划进度的偏差，进而判定该偏差对后续工作及总工期影响程度的一种方法。采用前锋线比较法进行实际进度与计划进度的比较，其步骤如下：绘制时标网络计划图、绘制实际进度前锋线。

一般从时标网络计划图上方时间坐标的检查日期开始绘制，依次连接相邻工作的实际进展位置点，最后与时标网络计划图下方坐标的检查日期相连接。工作实际进展位置点的标定方法有两种：①按该工作已完任务量比例进行标定。假设工程项目中各项工作均为匀速进展，根据实际进度检查时刻该工作已完任务量占其计划完成总任务量的比例，在工作箭线上从左至右按相同的比例标定其实际进展位置点；②按剩余作业时间进行标定。当某些工作的持续时间难以按实物工程量来计算而只能凭经验估算时，可以先估算出检查时刻到该工作全部完成剩余作业的时间，然后在该工作箭线上（实线部分）从右向左逆向标定其实际进展位置点。

实际进度与计划进度的比较。前锋线可以直观地反映出检查日期有关工作实际进度与计划进度之间的关系。对某项工作来说，其实际进度与计划进度之间的关系可能存在三种情况：①工作实际进展位置点落在检查日期的左侧，表明该工作实际进度拖后，拖后的时间为两者之差；②工作实际进展位置点与检查日期重合，表明该工作实际进度与计划进度一致；③工作实际进展位置点落在检查日期的右侧，表明该工作实际进度超前，超前的时间为二者之差。

预测进度偏差对后续工作及总工期的影响。通过实际进度与计划进度的比较确定进度偏差后，还可根据工作的自由时差和总时差预测该进度偏差对后续工作及项目总工期的影响。由此可见，前锋线比较法既适用于工作实际进度与计划进度之间的局部比较，又可用来分析和预测工程项目整体进度状况。

（5）列表比较法。当工程进度计划用非时标网络图表示时，可以采用列表比较法进行实际进度与计划进度的比较。这种方法是记录检查日期应该进行的工作名称及其已经作业的时间，然后列表计算有关时间参数，并根据工作总时差进行实际进度与计划进度比较的方法。

采用列表比较法进行实际进度与计划进度的比较，其步骤如下：

1）对于实际进度检查日期应该进行的工作，根据已经作业的时间，确定其剩余作业时间。

2）根据原进度计划计算检查日期应该进行的工作，从检查日期到原计划最迟完成时的剩余时间。

3）计算工作剩有总时差，其值等于工作从检查日期到原计划最迟完成时间剩余时间与该工作剩余作业时间之差。

4）比较实际进度与计划进度，可能有四种情况：①如果工作剩有总时差与原有总时差相等，说明该工作实际进度与计划进度一致；②如果工作剩有总时差大于原有总时差，说明该工作实际进度超前，超前的时间为二者之差；③如果工作剩有总时差小于原有总时差，且仍为非负值，说明该工作实际进度拖后，拖后的时间为二者之差，但不影响总工期；④如果工作剩有总时差小于原有总时差，且为负值，说明该工作实际进度拖后，拖后的时间为二者之差，此时实际进度偏差将影响总工期。

（6）形象进度图法。形象进度图是把工程计划以建筑物形象进度来表达的一种控制方法。这种方法系直接将工程项目进度目标和控制工期标注在工程形象图的相应部位，故其非常直观，进度计划一目了然，它特别适用于施工阶段的进度控制。此法修改调整进度计划亦极为简便，只需修改日期、进程，而形象图像依然保持不变。

3. 进度偏差对后续的影响

在工程项目实施过程中，实际进度与计划进度比较，发现有进度偏差时，需要分析该偏差对后续工作及总工期的影响，从而采取相应的调整措施对原进度计划进行调整，以确保工期目标的顺利实现。进度偏差的大小及其所处的位置不同，对后续工作和总工期的影响程度是不同的，分析时需要利用网络计划中工作总时差和自由时差的概念进行判断。

分析步骤如下:

(1)分析出现进度偏差的工作是否为关键工作。如果出现进度偏差的工作位于关键线路上,即该工作为关键工作,则无论其偏差有多大,都将对后续工作和总工期产生影响,必须采取相应的调整措施;如果出现进度偏差的工作是非关键工作,则需要根据进度偏差值与总时差和自由时差的关系作进一步分析。

(2)分析进度偏差是否超过总时差。如果工作的进度偏差大于该工作的总时差,则此进度偏差必将影响其后续工作和总工期,必须采取相应的调整措施;如果工作的进度偏差未超过该工作的总时差,则此进度偏差不影响总工期。至于对后续工作的影响程度,还需要根据偏差值与其自由时差的关系作进一步分析。

(3)分析进度偏差是否超过自由时差。如果工作的进度偏差大于该工作的自由时差,则此进度偏差将对其后续工作产生影响,此时应根据后续工作的限制条件确定调整方法;如果工作的进度偏差未超过该工作的自由时差,则此进度偏差不影响后续工作,因此原进度计划可以不作调整。

通过分析,进度控制人员可以根据进度偏差的影响程度,制定相应的纠偏措施进行调整,以获得符合实际进度情况和计划目标的新进度计划。

在施工进度检查、监督中,监理机构如果发现实际进度较计划进度拖延,一方面应分析这种偏差对工期的影响,另一方面应分析造成进度拖延的原因,若工程拖延属于业主责任或风险范围,则在保留承包人工期索赔权力的情况下,经发包人同意,批准工程延期或加速施工指令,同时商定由此给承包人造成的费用补偿;若属于承包人自己的责任或风险造成的进度拖延,则监理机构可视拖延程度及其影响,发出相应级别的赶工指令,要求承包人加快施工进度,必要时应调整其施工进度计划,直到监理机构满意为止。需要强调的是,当进度拖延时,监理机构切记不能不区分责任,一味指责承包人施工进度太慢,要求加快进度。这样处理问题极易中伤承包人的积极性和合作精神,对工程进展是无益处的。事实上,若过度拖延是属于发包人责任或发包人风险造成的,即使监理工程师没有主动明确这一点,事后承包人一般也会通过索赔得到利益补偿。

(四)进度计划实施中的调整和协调

1. 进度计划的调整方式

当实际进度偏差影响到后续工作或总工期而需要调整施工进度计划时,其调整方式主要有以下两种:

(1)改变某些工作间的逻辑关系。当工程项目实施中产生的进度偏差影响到总工期,且有关工作的逻辑关系允许改变时,可以改变关键线路和超过计划工期的非关键线路上的有关工作之间的逻辑关系，达到缩短工期的目的。例如，将顺序进行的工作改为平行作业、搭接作业及分段组织流水作业等，都可以有效地缩短工期。

（2）缩短某些工作的持续时间。这种方法是不改变工程项目中各项工作之间的逻辑关系，而是通过采取增加资源投入、提高劳动效率等措施来缩短某些工作的持续时间，使工程进度加快，以保证按计划工期完成该工程项目。这些被压缩持续时间的工作是位于关键线路和超过计划工期的非关键线路上的工作，同时，这些工作又是其持续时间可被压缩的工作。这种调整方法通常可以在网络图上直接进行。其调整方法视限制条件及对其后续工作的影响程度的不同而有所区别，一般可分为以下三种情况：

1）网络计划中某项工作进度拖延的时间已超过其自由时差但未超过其总时差。此时该工作的实际进度不会影响总工期，而只对其后续工作产生影响。因此，在进行调整前，需要确认其后续工作允许拖延的时间限制，并以此作为进度调整的限制条件。该限制条件的确定常常较复杂，尤其是当后续工作由多个平行的承包单位负责实施时更是如此。后续工作如果不能按原计划进行，在时间上产生的任何变化都可能使合同不能正常履行，而导致蒙受损失的一方提出索赔。因此，寻求合理的调整方案，把进度拖延对后续工作的影响减少到最低程度，是监理工程师的一项重要工作。

2）网络计划中某项工作进度拖延的时间超过其总时差。如果网络计划中某项工作进度拖延的时间超过其总时差，则无论该工作是否为关键工作，其实际进度都将对后续工作和总工期产生影响。此时，进度计划的调整方法又可分为三种情况：①如果工程总工期不允许拖延，工程项目必须按照原计划工期完成，则只能采取缩短关键线路上后续工作持续时间的方法来达到调整计划的目的；②如果工程总工期允许拖延，则此时只需以实际数据取代原计划数据，并重新绘制实际进度检查工期之后的简化网络计划即可；③如果工程总工期允许拖延，但允许拖延的时间有限，则当实际进度拖延的时间超过此限制时，也需要对网络计划进行调整，以便满足要求。具体的调整方法是以总工期的限制时间作为规定工期，对检查日期之后剩余实施的网络计划进行工期优化，即通过缩短关键线路、后续工作持续时间的方法来使总工期满足规定工期的要求。

以上三种情况均是以总工期为限制条件来调整进度计划的。值得注意的是，当某项工作实际进度拖延的时间超过其总时差而需要对进度计划进行调整时，除需考虑总工期的限制条件外，还应考虑网络计划中后续工作的限制条件，特别是对总进度计划的控制更应注意这一点。因为在这类网络计划中，后续工作也许就是一些独立的合同段。时间上的任何变化，都会带来协调上的麻烦或者引起索赔，因此,当网络计划中某些后续工作对时间的拖延有限制时,同样需要以此为条件,按前述方法进行调整。

3)网络计划中某项工作进度超前。监理机构对建设工程实施进度控制的任务就是在工程进度计划执行过程中,采取必要的组织协调和控制措施,以保证建设工程按期完成。在建设工程计划阶段所确定的工期目标,往往是综合考虑了各方面因素而确定的合理工期。因此,时间上的任何变化,无论是进度拖延还是超前,都可能造成其他目标的失控。例如,在一个建设工程施工总进度计划中,由于某项工作的进度超前,致使资源的需求发生变化,而打乱了原计划对人、材、物等资源的合理安排,亦将影响资金计划的使用和安排,特别是当多个平行的承包单位进行施工时,由此引起后续工作时间安排的变化,势必给监理机构的协调工作带来许多麻烦,因此,如果建设工程实施过程中出现进度超前的情况,则进度控制人员必须综合分析进度超前对后续工作产生的影响,并同承包单位协商,提出合理的进度调整方案,以确保工期总目标的顺利实现。

2. 施工进度的控制

进行实际进度与计划进度的对比和分析,若进度的拖延对后续工作或工程工期影响较大,则监理人员不应忽视,应及时采取相应措施。如果施工进度拖延不是由于承包人的原因或风险造成的,应在剩余网络计划分析的基础上,着手采取相应措施(如发布加速施工指令、批准工程工期延期或加速施工与部分工程工期延期的组合方案等),并征得发包人同意后实施,同时应主动与发包人、承包人协调,应给予承包人相应的费用补偿;如果施工进度拖延是由于承包人的原因或风险造成的,监理机构可发出赶工指令,要求承包人采取措施,修正施工进度计划,以使监理人员满意。监理机构在审批承包人的修正施工进度计划时,可根据剩余网络的分析结果作以下考虑:

(1)在原计划范围内采取赶工措施。

1)在年度计划内调整。此种调整是最常见的。当月计划未完成,一般要求在下个月的施工计划中补充,由于某种原因(例如发生大的自然灾害,或材料、设备、资金未能按计划要求供应等)计划拖欠较多时,则要求在季度或年度的其他月份内调整。根据以往的经验,承包人报送的月(或季)施工进度计划,往往会出现两种情况,在审查时应注意:①不管过去月份完成情况如何,在每月的施工进度计划中照抄年度计划安排的相应月的数量。这种事例不少,是一种图省事的偷懒做法,不符合进度控制要求。监理人员在审批时应指出其存在的问题,并结合实际可能(采取各种有效措施后能够达到的进度),下达下月(下一季度)的施工进度计划;②不按年度施工进度计划的要求,而按当月(季)达到的或预计比较易于达到的进度来安排下月（季）的施工进度计划。例如有的承包人认为，按年度计划调整月（季）计划时需要有较多的投入，施工难度较大，无把握完成，不如把目标定低一点，实现起来比较容易。

2）在合同工期内的跨年度调整。工程的年度施工进度计划是报上级主管部门审查批准的，大工程还须经国家批准，因此是属于国家计划的一部分，应有其严肃性，当年计划应力争在当年内完成。只有在出现意外情况时，例如发生超标准洪水，造成很大损失；出现严重的不良地质情况；材料、设备、资金供应等无法保证承包人通过各种努力仍难以完成年度施工进度计划时，允许将部分工程施工进度后延。在这种情况下，调整当年剩余月份的施工进度计划时应注意：①合同书上规定的工程控制日期不能变，因为它是关键线路上的工期。例如河床截流、向下一工序的承包人移交工作面、某项工程完工等，若拖后很可能引起发电工期顺延，还可能导致下一工序承包人的索赔；②影响上述工程控制工期的关键线路上的施工进度应保证，尽可能只调整非关键线路上的施工进度。当年的月（季）施工进度计划调整需跨年度时，应结合施工总进度计划进行调整。

（2）超过合同工期的进度调整。当进度拖延造成的影响在合同规定的控制工期内，调整计划已无法补救时，只能调整控制工期。这种情况只有在万不得已时才允许，调整时应注意以下内容：

1）先调整投产日期外的其他控制日期。例如，截流日期拖延可考虑以加快基坑施工进度来弥补；厂房土建工期拖延可考虑以加快机电安装进度来弥补；开挖时间拖延可考虑以加快浇筑进度来弥补，以不影响第一台机组发电时间为原则。

2）经过各方认真研究讨论，采取各种有效措施仍无法保证合同规定的总工期时，可考虑将工期后延，但应在充分论证的基础上报上级主管部门审批。进度调整应使竣工日期推迟最短。

（3）工期提前的调整。当控制投产日期的项目完成计划较好，根据施工总进度安排，其后续施工项目和施工进度有可能缩短时，应考虑工程提前投产的可能性。例如某电站工程，厂房枢纽标计划完成较好，机组安装力量较强，工期有可能提前；首部枢纽标修改了基础防渗方案后，进度明显加快，有条件提前下闸蓄水；引水隧洞由于主客观原因，进度拖后较多，成了控制工程发电工期的拦路虎，这时就应想办法把引水隧洞的施工进度赶上去。

一般情况下，只要能达到预期目标，调整应越少越好。在进行项目进度调整时，应充分考虑下列因素的制约：

1）后续施工项目合同工期的限制。

2）施工进度调整后，会不会给后续施工项目造成赶工或窝工问题，进而导致其工期和经济上遭受损失。

3）材料物资供应需求上的制约。

4）劳动力供应需求的制约。

5）工程投资分配计划的制约。

6）外界自然条件的制约。

7）施工项目之间逻辑关系的制约。

8）施工进度调整引起的支付费率调整。

3. 监理机构的协调

（1）承包人之间的进度协调。一个建设工程分为几个标进行招标施工时，各标同在一个工地上施工，相互之间难免会发生干扰，出现这样或那样的分歧和矛盾，需要有人从中进行协调。为了便于协调工作的进行，通常合同文件都有规定：承包人应为发包人及其聘用的第三方实施工程项目的施工安装或其他工作，提供必要的工作条件和生活条件。如施工工序的衔接，施工场地的使用，风、水、电的提供。由于承包人与承包人之间无合同关系，他们之间的协调工作应由监理机构进行。因此，合同文件中一般也规定，承包人应按照监理工程师的指示改变作业顺序和作业时间。协调工作是非常复杂的，往往涉及经济问题。因此，在工程分标时就应尽量避免分标过小，导致标与标之间的干扰加大。组织各标之间的衔接，使工程施工能顺利交接并协调有序地进行，是监理机构的一项重要任务。协调工作可大致分为以下两方面：

1）协调工程总进度。工程总进度协调的主要任务是把每个承包人的施工组织设计、单项工程施工措施和年、季、月施工进度计划纳入施工总进度计划协调中，以保证总目标的实现。

2）协调施工干扰的。承包人之间发生施工干扰，主要表现包括：①几家承包人共用一条交通道路的协调；②几家承包人共同交叉使用一个场地的协调；③承包人之间交叉使用对方的施工设备和临时设施的协调；④某一承包人损坏了另一承包人的临时设施的协调；⑤两标紧邻部位的施工干扰的协调；⑥两标施工场地和工作面移交的协调。

（2）承包人与发包人之间的协调。合同文件在规定了承包人应完成的任务的同时，也规定了发包人应该提供的施工条件，如承包人进场时的水、电、路、通信、场地，施工过程中涉及的进一步应给出的场地、工程设备、图纸（由发包人委托设计单位完成）、资金等，有时发包人与承包人之间在上述方面由于某种原因发生冲突，监理机构应做好协调工作。

（3）图纸供应的协调。大多数情况下，合同规定工程的施工图纸由发包人提供（发包人通过设计承包合同委托设计单位提供），由监理机构签发，提交承包人实施。为了避免施工进度与图纸供应的不协调，合同一般规定，在承包人提交施工进度计划的同时，提交图纸供应计划，以得到监理机构的同意。在施工计划实施过程中，监理机构应协调好施工进度和设计单位的设计进度，当实际供图时间与承包商的施工机构进度计划发生矛盾时，原则上应尽量满足施工。若设计工作确有困难，应对施工进度计划作适当调整。

（五）施工进度报告

在合同实施过程中，为了掌握和上报工程进展情况，需要对前阶段的工程施工进度进行统计、总结。编制各种进度报告。

1. 承包人提交的月进度报告

合同文件一般规定，承包人在次月（结算月通常为上月 26 日至当月 25 日）将当月施工进度报告递交监理机构。施工进度报告一般包括以下内容：

（1）工程施工进度概述。

（2）本月现场施工人员报表。

（3）现场施工机械清单和机械使用情况清单。

（4）现场工程设备清单。

（5）本月完成的工程量和累计完成的工程量。

（6）本月材料入库清单、消耗量、库存量、累计消耗量。

（7）工程形象进度描述。

（8）水文、气象记录资料。

（9）施工中的不利影响。

（10）要求解释或解决的问题。

监理机构对承包人进度报告进行审查，一方面可以掌握现场情况，了解承包人要求解释的疑问和解决的问题，更好地做好施工进度控制；另一方面，监理机构对报告中工程量统计表和材料统计表的审核，也是向承包人开具支付凭证的依据。

2. 监理机构编写的进度报告

（1）给发包人编报的进度报告。在施工监理中，现场记录、资料整理、文档管理是监理工程师的重要任务之一。监理机构应组织有关人员写好现场监理日志，并每周写小结，在每月开具支付款凭证报发包人签字的同时，应向业主编报月进度报告。使发包人系统地了解、掌握工程的进展情况及监理机构的合同，管理情况按工程施工的更长时段（如年、季），也要向发包人编报进度报告，一般包括如下内容：

1）工程施工进度概述。

2）工程的形象进度描述。

3）月内完成工程量及累计完成工程量统计。

4）月内支付额及累计支付额。

5）发生的设计变更、索赔事件及其处理。

6）发生的质量事故及其处理。

7）要求业主下阶段解决的问题。

（2）协助发包人编写给贷款银行的进度报告。根据贷款银行的要求，发包人应定期给贷款银行编报进度报告，其主要内容包括：信函、概述；按分标编报：合同实施介绍；施工进度；进度支付。

二、施工进度计划的管理

（一）暂停施工的原因

1. 需发包人同意的暂停施工

在发生下列情况之一时，监理机构应向发包人提出暂停施工的建议，经发包人同意后签发暂停施工指示，同时应根据停工的影响范围和程度，明确停工范围：

（1）工程继续施工将会对第三者或社会公共利益造成损害。

（2）为了保证工程质量、安全。

（3）承包人发生合同约定的违约行为，且在合同约定时间内未按监理机构指示纠正其违约行为，或拒不执行监理机构的指示，从而将对工程质量、安全、进度和资金控制产生严重影响，需要停工整改。

2. 不需发包人同意的暂停施工

发生了必须暂时停止施工的紧急事件，如恶性现场施工条件、事故等（隧洞塌方、地基沉陷等），监理机构应立即签发暂停施工指示，并及时向发包人报告。同时，监理机构应要求承包人积极采取措施，并对现场施工组织作出合理安排，以尽量减少损失和停工影响。在发生下列情况之一时，监理机构可签发暂停施工指示，并抄送发包人：

（1）发包人要求暂停施工时，监理机构应事前通知承包人，要求承包人对现场施工组织作出合理安排，以尽量减少停工影响与损失。

（2）承包人未经许可即进行主体工程施工，改正这一行为引起的局部停工。

（3）承包人未按照批准的施工图纸进行施工，改正这一行为引起的局部停工。

（4）承包人拒绝执行监理机构的指示，可能会出现工程质量问题或造成安全事故隐患，改正这一行为所需要的局部停工。

（5）承包人未按照批准的施工组织设计或施工措施计划施工，或承包人的施工人员不能胜任作业要求，可能会出现工程质量问题或存在安全事故隐患，改正这些行为所需要的局部停工。

（6）承包人所使用的施工设备、原材料或中间产品不合格，或工程设备不合格，或发现影响后续施工的不合格的单元工程（工序），处理这些问题所需要的局部停工。

3.发包人原因的暂停施工

由于发包人的责任需要暂停施工，监理机构未及时下达暂停施工指示时，在承包人提出暂停施工的申请后，监理机构应及时报告发包人并在施工合同约定的时间内回复承包人。

（二）暂停施工的责任

1．承包人的责任

发生下列暂停施工事件，属于承包人的责任：

（1）承包人违约引起的暂停施工。

（2）现场非异常恶劣气候条件引起的正常停工。

（3）为工程的合理施工和保证安全所必须的暂停施工。

（4）未得到监理机构许可的承包人擅自停工。

（5）其他由承包人原因引起的暂停施工。

2．发包人的责任

发生下列暂停施工事件，属于发包人的责任：

（1）发包人违约引起的暂停施工。

（2）不可抗力的自然或社会因素引起的暂停施工。

（3）其他由发包人原因引起的暂停施工。

上述事件引起的暂停施工造成的工期延误，承包人有权提出工期索赔。

（三）暂停施工的处理

下达暂停施工指示后，监理机构应：①指示承包人妥善照管工程，做好停工期间的记录；②督促有关方及时采取有效措施，排除影响因素，为尽早复工创造条件；③具备复工条件后，监理机构应及时签发复工通知，并明确复工范围，指示承包人执行；④在工程复工后，监理机构应及时按施工合同约定处理工程暂停施工引起的有关事宜。

1．暂停施工指示

（1）监理机构认为有必要并征得发包人同意后（紧急事件时在签发指示后及

时通知发包人），可向承包人发布暂停工程或部分工程施工的指示，承包人应按指令要求立即暂停施工。不论何种原因引起的暂停施工，承包人应在暂停施工期间妥善保护工程和提供安全保障。

（2）若发生由承包人责任引起的暂停施工时，承包人在收到监理机构暂停施工指示后，5 天内不积极采取措施复工造成工期延误，则应视为承包人违约，可按施工合同有关承包人违约的规定办理。

（3）由于发包人的责任发生暂停施工的情况时，若监理机构未及时下达暂停施工指示，承包人可向其提出暂停施工的书面请求，监理机构应在接到请求后的48 小时内予以答复，若不按期答复，可视为承包人请求已获同意。

2. 复工通知

工程暂停施工后，监理机构应与发包人和承包人协商采取有效措施积极消除停工因素的影响。当工程具备复工条件时，监理机构应立即向承包人发出复工通知，承包人收到复工通知后，应在监理机构指定的期限内复工。若承包人无故拖延或拒绝复工，则由此增加的费用和工期延误责任由承包人承担。

3. 暂停施工持续 5 天以上

若监理机构在下达暂停施工指示后，5 天内仍未给予承包人复工通知，除该项停工属于承包人责任的情况外，承包人可向监理机构提交书面通知，要求监理机构在收到书面通知后，48 小时内准许已暂停施工的工程或其中一部分工程继续施工。若监理机构逾期不予批准，则承包人有权作出以下选择：当暂时停工仅影响合同中部分工程时，按合同有关变更条款规定将此项停工工程视作可取消的工程，并通知监理机构；当暂时停工影响整个工程时，可视为发包人违约，应按合同有关发包人违约的规定办理。

第五章　水利工程建设的投资控制探究

第一节　水利工程概算费用构成与总体设计

一、水利工程概算费用构成

水利工程概算总费用一般包括工程概算费用、环境保护概算费用、建设征地移民补偿费用三部分。根据我国现行建设项目投资构成，投资分为静态投资和动态投资。"水利工程建设社会系统脆弱性能够反映社会稳定风险水平，系统越脆弱，社会稳定风险水平越高[①]"。

静态投资包括工程部分的建筑工程投资、机电设备及安装工程投资、金属结构设备及安装工程投资、施工临时工程投资、独立费用、基本预备费，环境保护部分的工程措施费、非工程措施费、基本预备费、独立费用，建设征地移民补偿部分中的农村部分补偿费、城镇部分补偿费、工业企业补偿费、专业项目补偿费、防护工程投资、库底清理费、其他费用、有关税费、基本预备费等。

动态投资包括价差预备费、建设期融资利息、政策变化引起的投资增加等。

二、水利工程总体设计

水利工程投资控制的总体设计，严格执行项目法人责任制、招标投标制、合同管理制、工程监理制，"四制"是水利工程投资控制的基础，投资控制的过程也是贯彻落实"四制"的过程，应通过组织措施、经济措施、合同措施、技术措施的贯彻落实来达到投资控制的目的。主要的管理思路如下：

（1）按照"静态控制、动态管理"的投资控制原则，明确项目法人是静态投资控制的责任主体，明确其责权利；投资人是动态投资增加的承担主体，从而调动项目法人投资控制的积极性、主动性。

（2）按照限额设计、鼓励设计优化的总体思路构建勘测设计合同，通过组建专家委员会、聘请设计监理等方式加强对勘察设计单位的管理，保证勘测设计质量。

（3）从提高招标设计质量、加强施工规划研究并合理分标、进行详细的现场

---

① 王波，黄德春，华坚，等. 水利工程建设社会稳定风险评估与实证研究[J]. 中国人口·资源与环境，2015，25（4）：149-154.

调查以合理设定合同边界条件等方面入手，做好监理标、施工标的分标和招标文件编制，择优选定签约单位，通过选择优秀合作伙伴共同构建项目建设管理团队，弥补项目法人自身在建设管理方面的不足。

（4）编制项目管理预算并结合项目法人组织机构进行分解，落实到具体部门、具体岗位。

（5）建立投资控制奖惩制度，实现投资控制"事事有人管、人人愿意管"。

（6）加强信息管理系统建设，保证信息快速传递，及时预警。

第二节　工程设计阶段的投资控制

一、工程设计阶段投资控制的意义

工程建设过程包括项目决策、项目设计、项目实施三大阶段。投资控制的关键在于决策和设计阶段，而在作出项目投资决策后，其关键就在于设计。根据国际行业权威的分析数据，在建设项目总投资额中，设计费用占工程造价的 3% ～ 5%，但项目建设过程中，设计环节对工程造价的影响程度却高达 70% ～ 80%。由于水利工程项目决策阶段的工作一般由投资人完成，项目法人在设计阶段才介入并主导工程建设，因此加强设计阶段管理对项目法人进行投资控制具有重要意义。

（一）理念方面

受计划经济体制的影响，项目法人对设计阶段投资控制及风险管理的意识淡薄，投资控制理念没有"入脑入心"。

（1）项目法人自身投资控制的动力不足、努力不够。"项目法人这一角色在工程建设管理中十分关键，占据核心地位，是工程建设的领头羊、总指挥[①]"。在现行管理体制下，特别是对于水利工程来说，项目法人在可行性研究批复以后方能组建，设计阶段特别是初步设计之前的项目建议书、可行性研究两个阶段的工作不在项目法人的可控范围之内，大部分工作都由行政主管部门及其委托的勘察设计单位完成。可行性研究批复后成立项目法人，大多承担的也是协调、组织审查工作，缺乏认真进行优化研究的主动性，把投资控制当作政府主管部门的事，没有形成投资控制理念，放松了工程投资控制。另外，各方把项目"上马"作为最重要的目标，从一定程度上，追求的是"可批性研究"，而不是经济效益、社会效益挂帅的"可行性研究"。

---

① 周守朋. 水利工程建设管理中项目法人重点工作探讨[J]. 治淮，2021（12）：27-28.

（2）对设计阶段投资控制的认识不到位。将水利工程投资控制的重点放在合同履行也就是建设实施阶段，没有考虑到设计阶段对投资控制的影响更大。为了赶工期，加之投资的压力大，对设计单位的设计进度要求过紧，甚至是边设计边施工，导致设计单位没有足够的时间进行设计优化和方案比选，失去了在设计阶段进行最佳投资控制的时机，导致投资增大或变更频发。

（3）项目法人缺乏对设计阶段风险进行管理的意识。项目法人是投资控制的主导者，但投资控制对项目法人本身并没有形成责权利的统一，项目法人将设计工作全部交给设计单位，没有过多考虑工程设计中的风险。

（二）制度方面

对于水利工程，整个项目投资测算包括项目建议书阶段投资估算、可行性研究阶段投资估算、初步设计概算、招标投标阶段签约合同价、施工图预算、竣工结算等，每个阶段形成不同的投资计算额度。但这些过程分别由国家主管部门、设计单位、施工单位、咨询单位等编制管理，相互之间容易出现脱节现象，缺乏统一的控制标准。主要表现在以下方面：

（1）政府部门监督控制体系不够完善。政府主管部门主要把投资管理作为一种程序，没有建立有效的监督失误问责机制，法律法规体系也不够健全，没有建立对项目法人的责权利相统一的考核奖惩机制。

（2）缺乏动态控制机制。对于项目法人而言，对投资控制仅按照静态管理方式进行控制，没有建立动态的、系统的投资控制制度。

（3）缺乏设计监理及配套制度。在市场经济条件下，造价咨询单位为项目法人投资控制提供咨询服务，但目前造价咨询单位的咨询服务还不够全面，并没有很好地发挥其全过程投资控制咨询作用。监理单位也只是参与工程建设过程中的监理，在前期的设计阶段没有或很少参与，没有形成有效的设计监理模式，给后期的投资控制带来一定的困难。

（4）设计取费不合理。在目前的投资控制体制下，设计概算、施工图预算、招标控制价一般由设计单位编制，而设计费是以工程投资额作为取费基础，导致设计单位对投资控制的积极性不高。

（三）技术方面

（1）对限额设计的认识不足。限额设计对控制工程投资十分有效，但业主对限额设计也要有正确的认识，限额设计并不是要求设计方案造价越低越好，而是要求在保证技术先进、可行的条件下进行造价优化，以实现工程投资价值最大化。

（2）技术与经济之间的结合不够深入。技术、经济结合是控制造价的必需手段。目前，很多情况是"技术人员不懂造价、造价人员不懂技术"，在相互配合中，由于各自意见的不同，不仅不能从技术上与经济上合理优化设计方案，反而会产生一些矛盾，影响设计进度。特别是"技术人员不懂造价、造价人员不懂技术"这种情况不仅在项目法人单位存在，在设计单位也存在，这也是造成投资浪费的因素之一。

（3）对投资优化所采用的方案比选、价值工程等方法运用不熟练。没有应用价值工程的标准规范以及缺乏指导价值工程应用的专家体系，价值工程在方案优化方面的作用没有得到充分发挥。

（四）管理方面

（1）设计管理工作不严谨。出图把关不严或干脆没有把关，出现图纸错漏，造成施工阶段设计变更频繁。

（2）设计费用缺乏奖励机制。设计人员一般注重在技术上进行优化以及创新，却不愿在投资上进行优化，主要是技术上的创新有可能得到奖励和表彰，而投资上的优化不仅得不到奖励，还可能承担一定的风险，导致设计人员缺乏投资优化的积极性。

（3）项目法人缺乏专业投资控制人才。设计阶段投资控制要求相关人员具有技术、造价、投资控制方面的专业知识，不然很难对设计方案的优化提出较为合理性的要求与建议，特别是在大中型水利工程勘察设计工作十分复杂的情况下，对投资控制人员的专业要求很高。

（4）投资控制信息交流障碍。国外研究表明，建设项目10%～30%的投资增加都是由于信息交流不畅，特别是水利工程，项目多、内容复杂、参与主体众多、信息交流频繁，信息传递过程中普遍存在着信息扭曲、延误等，影响投资控制。

二、设计阶段投资控制的主要工作

设计阶段可以细分为三个阶段，包括初步设计、招标设计、施工图设计，其投资控制的主要任务如下：

（1）初步设计阶段投资控制的主要任务是：在可行性研究报告确定的投资估算的限额内，编制设计概算，确定投资目标，使设计深化严格控制在初步设计概算所确定的投资范围之内，编写项目施工组织设计。

（2）招标设计阶段投资控制的主要任务是：在批准的初步设计概算的限额内，开展招标设计，提高设计文件的深度和质量，编制招标预算和施工规划，按照批准的分标方案细化招标文件技术条款、工程量清单和合同的边界条件。

（3）施工图设计阶段投资控制的主要任务是：在批准的初步设计概算的基础

上，按照限额设计的指导思路，编制施工图预算，在充分考虑满足项目功能的条件下，优化设计，控制投资。

三、项目法人设计工作投资控制措施

项目建议书批复后项目立项，项目法人开始组建，项目法人可根据实际情况采取以下措施进行投资控制。

（一）提高投资控制的意识

作为投资控制的主体，项目法人应切实树立全过程投资控制的意识，高度重视设计阶段对投资控制的重要作用，积极主动采取措施进行设计阶段投资控制，这是投资控制的基础条件。如果项目法人设计阶段投资控制意识淡薄，那么再好的想法、再好的制度也无法实现，起不到应有的投资控制作用。

（二）加大设计工作的管理

项目法人应努力加强自身建设，在设计管理中起主导作用的应该是也必然是项目法人。为促进设计管理水平的提升，要更加重视设计管理机构的设置和优化，有专业人员专注于设计优化工作，技术部门、移民征迁部门等应提前介入，努力与设计单位一起提高设计质量。加大对设计成果的过程检查，争取做到不漏项、不漏量、不偏离标准规范、不偏离项目所在地市场价格水平。技术部门、移民征迁部门提前介入还有利于建设实施阶段的投资控制。

（三）提前筹划并签好合同

（1）改变设计取费方式，改变按照基价费率计取设计费的合同价格确定方式，采取基本设计费加考核奖励费的方式确定设计合同价格。

（2）对设计优化节约投资额按照约定比例进行奖励。

（3）对设计服务（如图纸供应、现场设计等）进行考核，考核结果与设计费挂钩。

（4）通过合同要求设计单位对优化设计、降低投资的设计人员进行奖励，奖励落实情况作为考核指标之一。

（四）推行设计招标的方案

通过招标以竞争的方式选择优秀的设计单位。在设计招标文件中，项目法人可以明确设计单位需完成的设计任务、投资控制的目标、限额设计的要求、优化设计方案的激励惩罚措施等，从而将设计阶段投资控制的目标、措施以合同条款的形式固定下来，将项目法人投资控制的基本思路、管理措施体现在合同中，为合同签订后的执行打好基础。

当前，大中型水利工程勘测设计招标还存在许多困难，主要原因是在计划经济时期，大中型河流的勘测设计工作由国家指定相关的水利勘测设计院负责，相应的水文、地质资料都由设计院整理，其他勘测设计单位要想进入该河流进行勘测设计，需要花费大量的时间、精力、资金重新收集水文地质资料，造成原勘测设计单位在该河流水利项目的设计工作上具有相对优势。同时，水利工程项目的前期工作（规划、项目建议书等）一般由该河流的管理机构及其下属的勘测设计单位主导完成，行政上的分割管理加剧了勘测设计工作的垄断。为了尽可能调动设计单位投资控制的积极性，在勘测设计合同谈判时，要提前筹划，争取上级管理部门和勘测设计单位的支持，必要时让渡部分利益，把限额设计、设计费与设计质量和投资控制挂钩等管理思想融入设计合同中，从而达到控制投资的目的。

（五）项目的限额设计

限额设计是指依据国家主管部门对拟建项目批准的可行性研究报告、初步设计报告，在确定建设项目所需功能的条件下控制工程投资，把建设项目的总体投资控制在国家规定的投资范围内。也就是依据投资估算对设计概算进行控制，依据设计概算对施工图预算进行控制并指导技术设计。

按照总投资控制各单项工程投资，将总投资分配到各单项工程，各单项工程投资再分配到各专业工程，层层分配、层层控制，从而保证总的投资额控制在预定范围内。

确定合理的限额设计目标是推行限额设计的关键，限额设计目标应在充分考虑国家和地方的有关法律法规及政策、目前市场价格信息、投资估算指标与业主的要求等因素后由业主和设计单位协商确定，但不能突破可行性研究批复的投资估算。

限额目标确定后，下一步就是指标分解，将限额目标分配到具体单项工程、单位工程中去，这是推广限额设计的重点和难点。分解限额目标时要合理、科学地进行，切忌厚此薄彼，一般各专业分配的比例可参照批准的投资估算中各专业造价所占投资估算的份额。限额设计的控制过程是合理确定项目投资限额，科学分解投资目标，进行分目标的设计实施和跟踪检查，检查信息反馈用于再控制的循环过程。

（1）合理确定工程的投资限额。经审批的可行性研究报告中的项目总投资额，即为进行限额设计控制项目投资的主要依据，因此提高项目可行性研究报告中投资估算的科学性、准确性，是合理确定项目投资限额的关键。

（2）分配初步设计的投资限额。设计单位在进行设计以前，项目经理应将项目设计任务书中规定的建设方针、设计原则、各项技术经济指标等向设计人员交底，并将设计任务与规定的投资限额分工程、分专业下达到设计人员，要求各专业设计人员认真研究实现投资限额的可行性，对项目的设计方案、工艺流程、关键设备和费用指标进行方案比选，选出最优方案。

（3）根据投资限额进行初步设计。初步设计阶段控制概算不超过投资估算，主要是对工程量和设备、材质的控制。初步设计阶段限额设计工程量应以可行性研究阶段审定的设计工程量和设备、材质标准为依据。

（4）合理分配施工图设计的造价限额。经审查批准的建设项目或单项工程初步设计及初设概算，应作为施工图设计的造价控制限额。按照之前的控制步骤，设计项目经理把概算限额分配给各单位工程各专业设计，作为其造价控制限额，在造价控制限额内确定施工图设计、选用材料及设备。

（六）聘请项目设计的监理

1. 设计监理对投资控制的意义

项目法人在可行性研究批复以后成立，作为组建时间不长的建管单位，客观上无法立即有效地介入设计工作。要求有一支懂专业、会管理的咨询单位来协助项目法人加强设计管理工作，这就是设计监理，实施设计监理对投资控制的意义如下：

（1）监督设计工作，保证设计单位严格执行合同。

（2）对设计方案的可靠性、先进性、施工可行性、运行方便性进行审核。在保证工程安全和使用功能的前提下，最大程度地优化设计，减少工程量，保证投资控制目标实现。

（3）防止设计错漏问题出现，减少甚至避免施工过程窝工、返工，为施工过程顺利进行提供技术保证，减少施工索赔。

（4）发挥在技术、管理上的优势，进行合理化建议活动。

2. 设计监理的工作内容

设计监理按照设计合同、监理合同开展工作，作为项目法人设计管理的助手，其主要工作内容如下：

（1）参与"设计任务书"的编制工作，参与设计招标工作。

（2）对设计人员的资质、专业水平以及设计人员使用的设计标准、技术规范等进行审核，督促设计单位组织专业人员采用符合国家标准规范、合同要求的技术标准开展设计工作。

（3）把握各设计阶段的设计内容及深度要求，保证设计工作能够顺利开展。

（4）督促设计单位按照合同约定的进度计划开展设计工作，保证设计工作满足工程建设要求。

（5）参与各设计阶段的关键及重大技术问题和方案的论证。

（6）督促、协助设计单位开展限额设计工作，按照合同约定的奖惩考核细则对设计单位进行考核。

（7）协助项目法人对设计单位提交的设计文件进行审核，并审查项目法人对工作要求的贯彻执行情况。

（8）督促设计单位对重大技术方案进行比选，对设计方案开展价值工程、技术经济分析等优化设计工作。

（9）参与项目法人组织的限额设计分配方案、重大技术方案以及设计文件、概算文件等设计成果文件的审查。

（10）协助项目法人进行设计合同管理，检查设计图纸，签证设计工作的完成情况，协助考核现场设计代表工作情况。

（七）建立专家咨询委员会

勘测设计工作是一项高强度、高智慧的脑力劳动，大中型水利工程技术复杂，涉及的专业很多。作为项目法人特别是在可行性研究批复以后才组建的项目法人，客观上难以迅速组建一支具有涵盖所有专业的技术、经济管理队伍，在依靠自身力量难以对勘测设计工作进行必要的监督管理的情况下，借助外部专家的力量提高项目法人对勘测设计质量的把控是十分必要的。咨询专家应在行业内具有一定的权威性，根据工作需要可分为长期聘用专家和临时聘用专家，专家委员会协调服务工作可由工程技术部（总工办）负责。工程技术部负责设计文件的审核管理，所有设计文件提交项目法人后必须组织审核，主要针对设计文件的可实施性、经济合理性、有效性以及与初步设计文件、招标文件的差异、投资增减情况等逐一进行审核，通过审核后再分发参建各方。

四、价值工程在设计优化中的应用

通过优化设计来控制工程投资是一个综合性问题，既不能片面要求节约投资，忽视技术上的合理要求，使项目达不到功能需求；也不能过度重视技术，设计过于保守，导致投资增加。正确处理技术与经济的对立统一是优化设计、控制投资需要把握的关键问题，在优化设计的过程中，必须以实现项目目的、实现价值最大化为总的指导原则。

（一）价值工程的意义

（1）可以使设计产品的功能更加合理。工程设计实质上就是对产品功能进行设计，而价值工程的核心就是功能分析。价值工程的实施，可以使设计人员更准确地了解项目法人所需和设计产品各项功能之间的比例，同时吸收各方建议，使设计更加合理。

（2）可以有效控制工程造价。价值工程需要对研究对象的功能与成本之间的关系进行系统分析。设计人员参与价值工程，在明确功能的前提下，发挥设计人员的创造精神，从多种实现功能的方案中选取最合理的方案，从而有效控制工程造价。

（3）可以节约社会资源。实施价值工程，可以使工程造价、使用成本及功能合理匹配，节约社会资源消耗。

（二）价值工程的原理

价值工程是提高产品价值的科学方法，是以最低的寿命周期成本可靠地实现必要功能，着重于功能分析的有组织的活动。其基本公式为

$$V=F/C \tag{5-1}$$

式中：V——价值，是指产品给企业或用户带来的经济效益，产品价值是产品功能与成本的综合反映；

C——成本，包括企业的制造成本和用户的使用成本；

F——功能，是指产品对用户的使用价值，在建筑工程中，通常把某个分部工程在单位工程中所担负的职能或所引起的作用称为功能。

通过价值工程的公式可以看出，提高设计产品的价值有以下五种途径：

（1）功能提高，成本降低，这是最理想的途径。

（2）功能不变，成本降低。

（3）成本不变，功能提高。

（4）成本稍有增加，功能大幅提高。

（5）功能稍有下降，成本大幅下降。

（三）价值工程的步骤

（1）功能分析。明确项目功能具体有哪些，哪些是主要功能，并对功能进行定位和处理，绘制功能系统图。

（2）功能评价。运用 0-1 评分法、0-4 评分法或环比评分法计算功能评价系数，作为该功能的重要度权数。

（3）方案创新。根据功能分析的结果，提出各种实现功能的方案。

（4）方案评价。根据打分与功能评价系数计算各方案的价值系数，以价值系数最大值为优。

价值工程中，最核心的问题是进行功能评价分析，常见的功能评价方法有功能成本法、功能指数法。功能指数法是一种相对值法，首先评定各功能的重要程度，用功能指数来表示其功能程度的大小，然后将各评价对象的功能指数与相应的成本指数进行比较，得出评价对象的价值指数，由价值指数来评价方案的优劣或改进对象的成本。

价值工程分析中，要根据项目的具体情况，确定工程项目应用价值工程的对象和需要分析的问题。水利工程中，价值工程的对象可以选择泄水建筑物、挡水建筑物、厂房布置形式、金属结构安装、机组选型等。在应用价值工程进行有组织活动时，可把价值工程活动同质量管理活动结合起来，把各专业人员组织起来，发挥集体力量。在设计阶段开展价值工程活动非常有效，成本降低的潜力比较大。

第三节　施工招标阶段的投资控制

在水利工程建设实施阶段，经常因工程量清单漏项，招标文件技术条款和商务条款自相矛盾，场内外交通和水、电供应等项目法人提供的建设条件不完全具备，合同界面划分不合理导致施工干扰而引发工程变更和承包商索赔。变更、索赔虽然发生在建设实施阶段，但主要源于施工招标阶段。施工招标、投标阶段前承初步设计、后启建设实施，是水利工程建设过程中非常重要的一个时期。在该阶段，项目法人通过招标方式确定了监理单位、施工单位和合同价格，同时明确了参建各方承担的权利、责任、义务，参建各方权利、责任、义务关系的确定一定程度上反映了项目法人的工程管理思路、并直接影响后续的现场施工。特别指出的是，招标阶段不仅仅是通过招标确定签约单位这一件事情，协调设计单位积极进行招标设计、结合项目实际情况合理分标，并确定各标段边界条件、编制项目管理预算都是该阶段投资控制的重要工作，其工作质量直接影响着建设实施阶段的投资控制。

一、水利工程施工招标阶段的主要工作

为做好施工招标阶段的投资控制工作，项目法人首先要重视该阶段的工作，认识到该阶段不仅仅是要通过招标、投标选择参建单位，还要加强设计管理、提高招标设计质量，通过工程分标和招标文件的编制，把项目法人的质量控制、进度控制、投资控制等工程管理思路融入合同中。该阶段投资控制工作主要有督促

深化招标设计、组织工程分标、确定主要的合同边界条件、组织编制招标控制价和项目管理预算、编制招标文件并组织审查、组织招标选择签约单位等，可采取下述几项投资控制措施。

（一）提高设计质量

设计是工程的灵魂，初步设计批准后，项目法人要尽可能留出足够多的时间给设计单位进行招标设计，从时间方面保证招标设计的质量。招标设计启动后，要充分利用设计监理、专家委员会等智力支撑机构的力量，对招标设计进行审查把关，提高招标设计质量。项目法人要主动加强设计管理，技术、移民、工程管理等业务部门主动介入，在督促设计单位提高工作质量的同时熟悉工程内容，为建设实施阶段的项目管理和投资控制打好基础。

（二）做好分标规划

聘请有丰富经验的咨询单位认真研究初步设计、施工规划、工程项目所在地社会经济环境、项目法人管理力量等与项目建设实施相关的实际情况，并据以编制分标方案，分标方案应按照有利于工程建设、符合工程项目所在地社会自然环境、与项目法人管理实际相匹配等原则编制。其要点包括以下七项：

（1）标段划分既要方便项目法人的管理，又要方便承包商的施工组织。

（2）标段划分不宜过大而超过承包商的能力，也不宜过小而造成成本增加、投资浪费。

（3）标段划分要与施工道路、施工供电、施工供水、施工通信等临时工程的布置相结合。

（4）标段划分要与现场施工场地、料场、渣场、生活场地等生产、生活设施的布置相结合。

（5）标段划分应能发挥各承包商的专业优势，同时尽量减少承包商之间的施工交叉。

（6）重视临时工程标段的具体划分，特别是要在充分考虑工程所在地基础设施条件的基础上，合理确定水、电供应和场内外交通、砂石料及混凝土系统标段的划分。

（7）重视监理标的划分，要结合项目法人自身监管力量和项目整体管理思路划分监理标，监理标要合理配置，大的监理标可以吸引高水平的监理单位参加投标。

（三）确定合同条件

按照施工规划、分标方案和工程项目所在地实地调研结果，合理划分项目法人、承包商各自承担的风险，确定合同边界条件。对于项目法人提供水、电、水泥、砂石骨料、火工品及修建场内外公路的，相关项目务必提早规划实施，保证供应质量、供应时间，以免不能按时、保质供应，从而影响工程进度且导致工期、费用索赔。

（四）建立审查机制

建立招标文件审查制度，成立由总经济师、总工程师牵头，计划合同部、工程技术部（总工办）、工程建设部参加的招标文件审查工作组，自身力量不足时聘请专家参与审查，审查过程中要高度重视招标文件商务部分、技术部分和招标控制价之间的关联契合，保证招标文件的编制质量。招标文件要合理确定评分标准，选择信誉良好、实力雄厚、具有丰富经验的监理单位与施工单位。

（五）筹划项目预算

按照"静态控制、动态管理"的思路，聘请有丰富经验的咨询单位编制项目管理预算，使分标方案、分标预算、项目管理预算、建设实施过程中的统计核算口径一致，方便项目管理及投资控制。根据项目实际情况及咨询单位实际情况，分标方案编制单位和项目管理预算编制单位最好为一家，有利于保证工作连续性和工作质量。

二、水利工程施工招标文件重点关注内容

大中型水利工程施工招标普遍采用《水利水电工程标准施工招标文件》，技术条款一般由设计单位牵头编制，项目执行过程中，容易引起变更与索赔的是水文、气象、地质条件，因此技术部分编制应重视一般规定、施工临时设施、施工导流工程等章节内容，商务部分的编制重点应放在专用条款上。水利工程施工招标文件重点关注以下内容：

（1）项目法人提供的施工场地范围。根据施工规划，明确提供施工场地的范围和时间，清晰界定甲乙双方的责任，避免合同执行过程中发生纠纷。有的项目法人认为把范围、时间都写明自身承担的风险过大而有意含糊，但事实上把风险过度转移给承包商并不利于工程建设。

（2）对监理工程师适度授权，在充分信任监理工程师的基础上必须进行监督。比如重大施工方案、安全措施的审批可能引发变更，并继而引起投资、工期的变化，因此在合同中应要求重大方案审批前监理工程师必须取得项目法人同意，否则项目法人可以不予认可。该要求不但要写入监理合同中，也要写入施工合同中。

（3）不利物质条件的范围必须写明。

（4）材料供应要在充分调研工程所在地供应情况的基础上，从有利于工程建设的角度考虑确定供应方式。比如火工材料，由于管制十分严格，特别是有些大中型水利工程跨河流两岸，两岸分属不同的行政区域管辖，施工单位进场后需要花费大量时间和精力协调火工品供应，各行政区域火工品管控政策变化还极易导致索赔。对于这种情况，项目法人应充分发挥自身优势，积极争取公安部门支持，牵头理顺火工品供应流程，保证火工品正常供应。

（5）异常恶劣的气候条件要注明标准，明确相关证据材料的来源。

（6）关键项目及其工程量增减超过 15%以后的单价调整方式必须写明。

特别强调的是，通用合同条款、专用合同条款、技术条款、工程量清单、图纸等共同组成了完整的合同文件，条款之间应相互支撑、相互配合，任何割裂其他合同内容的做法都是错误的，在编制招标文件时如此，在合同执行过程中也是如此。招标文件编制时一定要加强各专业之间的沟通并集体通稿，保证招标文件的完整性、条款的有效性。

水利工程施工招标阶段作为水利工程建设承上启下的重要环节，不但对招标阶段本身的投资控制具有重大作用，还影响着建设实施阶段工程建设和投资控制。项目法人必须对招标阶段给予足够重视。从招标设计、项目建设管理、工程分标及招标文件编制、招标组织实施、项目管理预算编制等方面进行系统筹划。

第四节　建设实施阶段的投资控制

一、建设实施阶段的特点

建设实施阶段是指施工单位进场施工至主体工程完工的时间段，也是项目规划目标从蓝图变成现实的阶段。此阶段节约投资的可能性虽然不多，但管理不善，浪费投资的可能性却很大。在建设实施阶段，随着现场施工的进行，工程设计不完善之处开始暴露出来，导致工程变更、现场停工并引发工程索赔；移民征迁、社会环境、材料供应等各方面的因素相对合同签订时的条件也在不断变化并引发变更、索赔；项目参与各方都希望在工程建设中利益最大化，各种利益主体相互影响、相互交叉，项目法人作为投资控制主体，其协调控制工作不仅必要而且更加复杂。

建设实施阶段的投资控制工作虽然十分复杂，但也有规律可循。

（1）任何工作的开展都必须有计划指导，施工投资控制也不例外，项目管理预算和基于项目管理预算、施工总进度计划编制的总投资计划、分年度投资计划是建设实施阶段投资控制的基础。

（2）建设实施阶段投资支出主要以执行建筑安装合同的形式完成，合同是甲乙双方发生经济利益关系的法律文书，因此应充分依靠合同，有理有据、积极主动处理变更。

（3）项目法人要加强内外部管理，树立双赢理念，努力营造好的移民征迁环境，加强大宗材料供应，协调好水、电供应，为承包商施工创造好的条件。

二、建设实施阶段的影响因素

在建设实施阶段，条件复杂、影响因素多，各种信息流、人流、物资流、资金流不断交换，都对工程建设和工程投资产生着影响，对投资产生影响的因素可分为社会经济因素、自然因素和人为因素等。

（一）社会经济因素

（1）物价因素。水利工程建设周期长、规模大，物价波动必然会影响工程造价，因此项目法人、承包商都会非常关心物价波动，对于可调价合同，物价变化对工程投资会产生较大影响。

（2）国家政策调整。工程施工过程中，国家财政及税收政策可能会发生变化。一般情况下，国家政策调整引起的投资变化不属于承包商承担的风险，该部分导致的投资增加由项目法人承担。

（3）利率、汇率调整。利率的调整会影响工程建设期内贷款利息的支出额，对工程投资的动态管理有一定影响。对于涉及外汇的项目，汇率的调整对投资也会产生一定影响。

（二）自然因素

（1）自然条件因素。水利工程施工受地理位置、水资源、气候、地质条件及施工条件等多方面的影响，这些自然条件具有很大的不确定性，在建设过程中可能会发生较大变化，从而导致工程变更、投资增加。

（2）不可抗力因素。不可抗力事件发生具有随机性，无法准确预测及防范，但是不可抗力事件一旦发生，就会对工程投资的影响巨大。如洪水、地震、战争、台风、泥石流等不可抗力事件都将导致工程投资增加。

（三）人为因素

（1）业主行为。工程建设过程中，业主要求赶工、增加变更、资金延迟支付等行为都会对工程投资产生影响。

（2）合同缺陷。项目法人、承包商的权利、义务及合同风险是按照合同确定的，如果合同有缺陷，必然会对合同执行产生影响，进而导致纠纷的发生和费用的增加。

（3）设计质量。由于勘测设计深度不够，合同履行过程中发生大量变更，造成投资增加、工期滞后；设计单位出图进度滞后，导致现场停工、窝工，造成索赔并影响工程建设。

（4）监理工程师行为。由于人的因素，可能会导致工程师发出错误的指令，导致工程投资增加。

（5）现场管理因素。在施工管理过程中，管理内容多、项目复杂、影响因素多。比如甲单位提供的材料、设备没有按期到货，导致乙单位耽误进度等，这些问题都会影响工程建设并影响工程投资。

（6）其他因素。在工程建设实施中建设征地、移民进度滞后，比如砂石料开采区征迁不及时导致无法正常供料、移民补偿不到位导致群众阻工等，这些问题也会影响工程建设并影响工程投资。

分析以上影响投资控制的三类因素可以看出，社会经济因素、自然因素基本属于通过加强管理仍无法有效避免的投资管理风险，人为因素所造成的投资风险则可以通过加强管理有效避免或降低。按照"静态控制、动态管理"的投资控制管理思路，将社会经济因素、自然因素纳入动态控制的管理范围，由投资人承担投资增加的风险，其中的不可抗力因素所导致的投资增加也可以通过投保工程保险进行风险转移。人为因素可能造成的投资风险增加由项目法人通过加强管理进行有效避免或降低，由项目法人在总项目管理预算的框架内部消化解决。

三、建设实施阶段的基本措施

水利工程投资管理是一项复杂的系统工程，包括纵向和横向两个方面。纵向涉及与投资管理相关的项目法人、设计单位、施工单位、监理单位、制造厂家、贷款银行、保险公司等；横向涉及工程安全、质量、工期、投资及风险等各种管理要素。构成投资控制系统的纵横向因素之间互相关联、互相影响，共同影响工程投资。在投资控制目标已定的情况下，投资控制管理可从宏观、微观两个层面综合发力，宏观层面主要是严格执行"四制"，微观层面是在严格执行"四制"的基础上采取的具体措施。

（一）严格执行"四制"

"四制"是我国现行政策法规的要求，也是被实践证明了的行之有效的建设管理模式，项目法人应结合项目实际情况贯彻执行"四制"，保证工程建设的顺利进行。

（1）项目法人责任制的。有效明确了投资责任主体，特别是在"静态控制、动态管理"模式下。概算范围内，项目法人拥有决策权，在享受投资效益和权利的同时也承担着投资控制风险，项目法人责任制的平衡约束，可有效保证投资人投资经济效益和社会效益的实现。

（2）合同管理制。工程建设过程中，通过各种形式的合同将参建各方组成一个复杂、庞大而又紧密联系的关联网络，并依法明确工程参建各方彼此间的责权利，从而将参建各方组成一个松散的集体。基于合同设定的边界条件和规则标准，当发生工程变更、索赔时，可以按照事先设定的条件进行处理，从而有效控制工程投资。

（3）招标、投标制。提供了一种更为公平、公正的竞争环境和交易形态，随着招标项目进入各地公共资源交易中心、网络评标等招标、投标方式的推行，招标、投标越来越公正、透明，有利于建筑市场的良性发展。对于项目法人来说，通过招标、投标可以选择最适合工程项目的监理单位、施工单位。

（4）建设监理制。作为工程建设的第三方，监理工程师承担着质量、安全、进度、投资控制的职责；作为项目法人工程管理的助手，监理工程师在协助项目法人进行工程管理的同时，还承担着调解纠纷、互相制衡的作用，在项目法人、施工单位之间起着桥梁纽带作用。另外，作为项目法人设计阶段投资控制的重要举措之一，设计监理在控制设计质量、设计进度方面发挥着越来越重要的作用。

（二）四制具体措施

"四制"是投资控制的基础，把"四制"落到实处的过程也就是投资控制的过程，可采取以下几项措施。

（1）针对大中型水利工程投资管理的复杂性和多变性，按照"总量控制、合理调整"的原则编制项目管理预算，项目法人以项目管理预算作为控制投资的主要依据。项目法人以审定的项目管理预算控制工程造价、筹措建设资金、测算工程价差、编报年度投资计划和年度投资完成统计报表。

（2）建立运转高效的生产调度管理组织体系，实现技术、工程建设、移民环保、计划合同等部门的联动，一方面保证各自职责范围内的工作有序开展；另一方面当不可预见风险发生时，能有效联动，及时响应，将风险降到最低。比如因移民搬迁问题引起阻工时，信息反馈到工程建设部、移民环保部，移民部门必须立即行动起来，尽快消除现场阻工；工程建设部、计划合同部也必须立即行动起来，与施工单位协调阻工部位的人员、设备，对确实不能调整到其他作业面而窝工的人员、设备，要做好记录并拍照，有理有据地处理施工单位可能提出的费用索赔。

（3）强化合同管理。确定施工单位后，项目法人应组织工程建设部、技术管理部、计划合同部，对中标单位的报价清单、施工方案、不平衡报价、可能发生的工程变更及索赔等内容进行分析讨论，理清项目管理、投资控制的重点和难点。

（4）建立信息化投资管理系统。大中型水利工程影响因素多、建设周期长、资金流量大，产生的数据多，各种信息繁杂。在工程实施中涉及投资控制的信息包括设计、质量、进度、设备、材料、移民、征地等方面，各方面的进度都应在充分讨论、科学论证的工程总进度计划指导下进行，任何一方面出现时间或质量标准上的偏差，都会引发工期滞后和变更索赔的产生，造成投资增加。

在繁杂的信息面前，单纯依靠人力进行信息传递，不但慢而且容易失真，建立一个系统、科学的信息管理系统，实现对工程进度、质量、安全、投资等信息的综合管理，可以加快信息的传递和加工，从而即时生成各种报表，使项目管理人员可以了解设计、质量、进度、移民、征迁等各方面的进展情况，发现偏离及时采取纠偏措施，使工程建设按照预定的轨道前进，保证工程建设顺利进行的同时也实现了投资控制的目标。

（5）建立投资控制监督体系。建立内外部监督相结合的投资控制监督机制，对投资控制及建设管理进行全过程的监督管理。

内部监督是以内部审计及资金综合管理为主的内部投资监督体系，实行内部监督可以保证以项目管理预算为核心的投资控制体系有效运行，以监督、考核、奖惩促使制度落地，使公司管理层的投资控制、安排部署落到实处。

外部监督主要指投资人监督项目管理所组织的检查、审计等外部投资监督体系以及政府派驻的质量监督和社会舆论监督等。

（6）加强优化管理，提高综合效益。对于大中型水利工程，在建设实施阶段的投资控制中，有大量可以优化管理的内容，如投资资本结构优化降低融资费用、采购优化降低采购费用、库存优化降低存储费用、工期优化节省监管费用并提前发挥工程效益等。

（7）合理、及时核定工程价差，科学管理动态投资。大中型水利工程建设周期长，物价的变化是必然的，为保证工程建设顺利进行，必须考虑物价上涨因素，合理、及时核定工程价差，进行价差结算。价差分为概算价差及合同价差两个体系，分别对应投资人与项目法人、项目法人与承包商两个层次。概算价差是指投资人对项目法人结算的价差，是工程总投资的一部分。合同价差是指项目法人根据有关合同条款结算给承包商的价差。项目法人价差管理中的工作重点是建立和规范两个层次的价差管理体系，把概算价差和合同价差严格区分开来。

（8）开展投资风险分析，主动控制工程投资。大中型水利工程项目建设周期长、涉及主体多、影响范围广，实施过程中存在许多不确定性，如不能很好地进行风险管理，可能遭受各种各样的意外损失，这些损失都可能加大工程投资。项目法人在建设实施阶段，要树立风险意识，建立投资风险分析和管理机制，根据工程进展情况、各年度项目资金到位和投资完成情况，逐年分析项目静态投资、价差、利息及资金结构变化，定期对工程进度计划、主要合同执行情况进行分析，总体把控投资变化趋势，预测未来投资控制的风险和项目预期收益，针对可能存在的风险提出防范措施。通过投资风险分析，对已经完成的投资和项目管理活动进行总结，指导后续项目加强投资控制，降低投资成本，为提升项目竞争力夯实基础。

（9）发挥中介机构专业优势，提供工程建设咨询服务。工程咨询的实质是咨询单位在项目决策、实施及管理过程中，为项目法人提供智力服务，其依托先进的管理技术和丰富的实践经验，将先进的、前瞻性的投资管理理念应用于工程项目投资控制中，通过专业化的服务，有效控制工程质量、进度、安全和投资，促进建设项目管理和投资效益提升。其具体服务涵盖从项目决策到建设实施的全过程，比如编制投资管理制度、编制项目管理预算、测算工程价差、进行工程投入和产出风险分析、进行全过程造价审计、项目后评价等。项目法人应重视中介机构在投资控制方面的重要作用，委托优秀的咨询单位提供咨询服务，提高投资控制的质量。

（10）合理进行风险转移，建立基于项目管理预算的投资控制体系。对于可通过工程保险化解的风险（如超标准洪水等），通过购买工程保险的办法化解风险，进行风险转移。

建立以项目管理预算为核心的投资控制体系，将项目管理预算按照工程、移民、独立费用等进行分解，明确承担预算控制的责任部门、责任岗位，制定相应的管理制度，明确奖惩措施，建立横向到边、纵向到底的投资控制体系。项目管理预算编制完成并进行分解后，投资控制责任已经具体到部门、具体到岗位，为保证实施到位，应配套完善的投资控制制度。如中国南水北调工程印发有工程投资静态控制和动态管理规定、工程投资静态控制和动态管理细则、项目管理预算编制办法、价差报告编制办法、投资控制考评及奖惩管理办法、工程优化及限额设计管理办法等投资控制文件，在水利工程投资控制中可学习借鉴。

第五节 "静态控制、动态管理"的投资控制模式

水利工程建设项目投资一般以初步设计概算作为投资控制的最高限额，但在项目建设实施阶段，用初步设计概算控制投资有诸多弊端。具体表现为采用设计概算控制投资，目标分解不够明确、不够详细，各方的责任无法准确界定，管理绩效机制欠缺，难以调动管理人员的积极性，工程造价预测和控制的手段欠缺等。

上述原因导致项目法人投资控制的积极性不高,甚至认为只要把工程质量、安全、进度搞好,投资多少是国家的事,从而导致"概算→超概算→调整概算→再超概算→再调整概算"的情况时有发生。概算调整过程中,由于权责不清,项目法人往往将管理原因造成的投资增加和物价上涨、政策调整造成的投资增加混在一起申请调整概算,整体损害了国家(投资人)利益。

"静态控制、动态管理"的基本模式就是静态投资由项目法人独立控制并对其负责,将物价上涨等非项目法人可以控制的因素引起的投资增加转由投资人承担,分清责任并辅以奖惩措施,调动项目法人投资控制的积极性,实现投资效益的最大化。

一、"静态控制、动态管理"的基本内涵

静态控制是指在保证工程质量、进度、安全的前提下,把工程建设静态投资控制在国家批复的初步设计概算静态总投资限额内。审批的初步设计概算静态总投资限额是工程实施静态投资控制的最高限额,是静态控制的核心,它不仅明确了项目法人投资控制的基本目标和职责,而且也促使项目法人根据工程实际情况,采取组织措施、经济措施、技术措施、合同措施加强管理,使施工方案更加优化、资金使用更加高效。

动态管理是指对工程建设期因物价上涨、政策变化、融资成本增加及重大设计变更导致的投资变化进行有效管理,通过逐年计算价差和融资成本,同时考虑政策影响和经审批的重大设计变更增加的投资,将上述投资作为动态投资进行管理,该部分投资对项目法人来说无法通过有效的管理进行控制,因此动态投资增加由投资人承担。动态管理对由于项目法人自身无法控制的因素所导致的投资变动进行了确认,有利于调动项目法人加强投资管理的积极性。

"静态控制、动态管理"模式下投资增加的处理原则如下:

(1)属于可行性研究范围内的设计变化造成的静态投资增加额,在设计概算静态总投资内通过合理调整、优化设计等措施自行消化。

(2)属于可行性研究范围之外的重大设计变更导致投资增加、突破设计概算静态总投资时,由项目法人编制重大设计变更专题报告上报投资人专项审批。

(3)属于价格、利率等因素变化增加的动态投资,通过分年度编制价差报告和据实计列建设期贷款利息方式,对动态投资进行有效管理并由投资人承担。

二、"静态控制、动态管理"的管理体系

按照"静态控制、动态管理"的投资控制模式,项目法人承担静态投资控制风险和责任,投资人承担动态风险引起的投资增加。

在该模式下，静态投资控制主要是指将工程投资变化的概算调整风险、设计风险以及工程建设组织管理风险划归为静态投资控制内容，并以固定的价格水平量化为静态投资额度，由项目法人通过优化设计、提高组织管理（包括严格地、高质量地组织实施招标投标制、合同管理制、工程监理制）水平等手段全面进行工程投资控制管理。从纵向来说，包括设计阶段的投资管理、招标投标阶段投资管理、建设实施阶段投资管理；从横向来说，包括完善投资管理制度、建立全员投资管理体系、编制项目管理预算等。

静态投资控制的基本手段是进行限额设计、编制项目管理预算并建立与之对应的投资控制责任分解和管理制度体系。动态管理的基本手段是编制年度价差报告、计算政策变化等引起的投资增加等。

三、"静态控制、动态管理"的项目管理预算

（一）项目管理预算的内涵

项目管理预算是按照项目法人管理机构及分标方案，对概算投资实行切块分配的技术经济文件，其按照批准的初设概算并以初设概算总额作为最大限额，按照施工规划、分标方案、招标设计和项目实际情况，通过适当调整、细化概算项目，将初设概算优化并合理划分，以利于投资的归口管理。项目法人依据项目管理预算和内控管理制度，将项目管理预算分解到各部门、具体到各岗位，形成全员、全方位、全过程的项目成本管理体系，真正做到人人责任明确，并据此确定绩效考核指标，为静态投资控制管理夯实基础，是项目法人管理和控制投资的重要依据。

（1）项目管理预算是工程建设实施阶段的重要投资管理文件，对于工期较长的大型水利工程来说，它是在项目的招标设计或项目的招标阶段，以设计概算的静态总投资为宏观投资控制目标，以项目施工总规划、分标方案、招标设计工程量和施工方案为依据，根据项目法人的管理要求，在对设计概算的静态总投资分解、细化、重组的基础上，按照设计概算的价格水平，结合工程招标和工程设计的实际情况进行编制，其编制主体是项目法人，一般委托专业的咨询机构进行编制。

（2）项目管理预算包括单项项目管理预算和总项目管理预算两部分内容，具体如下。

单项项目管理预算是根据分标方案、招标设计等基础资料，在招标的同时或之后，按照设计概算的价格水平，编制与合同项目工程量和施工方案完全对应的造价管理文件。

总项目管理预算是业主编制投资计划、列报年度投资完成、计算年度价差、指导施工阶段合同管理的主要经济文件，是工程项目静态投资过程控制的主要控制指标。

（3）项目管理预算一般从招标阶段开始编制，其基本框架应与分标方案、招标设计、招标预算相适应，以方便后期管理和调整。

（4）项目管理预算不是一次编制完成的，随着工程建设从施工招标阶段逐渐过渡到现场施工阶段，设计深度不断加深，各种风险、矛盾不断暴露。项目管理预算应随工程进展不断进行调整，以适应投资控制的需要。

（二）项目管理预算的依据

（1）项目管理预算是控制静态投资的依据。项目管理预算是在招标设计基本完成之后开始编制的，工程设计、施工方案及施工工艺等较初步设计阶段更加明确、更趋合理，对工程项目所在地的社会经济情况更加了解。因此，该阶段编制的项目管理预算更接近工程的实际成本，作为投资控制目标更具有操作性。

（2）项目管理预算是投资人编报年度价差计算报告的依据。工程进入建设实施阶段后，合同管理是投资管理的中心工作，通过按设计概算价格水平编制项目管理预算，实现以分年度实际完成合同工程量和相应的项目管理预算单价计算静态投资完成额，据以计算年度工程价差。

（3）项目管理预算是考核设计单位绩效的依据。工程投资控制管理工作的龙头是设计管理。项目管理预算一方面可以反映招标设计相对初步设计在投资方面的变化以及工程条件变化和招标设计优化的结果；另一方面可以反映工程施工图设计和单项技术设计相对招标设计的变化，可以作为考核设计单位绩效的依据，有利于鼓励设计单位进一步优化设计和降低工程造价。

（4）项目管理预算是进行分标投资管理的依据。项目管理预算，特别是建筑安装工程采购、金属结构及机电设备采购等主体工程建筑安装部分与标段划分保持一致，条块划分清晰，投资增减变化一目了然，便于细化投资管理目标，明确责任部门及其投资管理责任。

（5）项目管理预算是编制投资计划和统计报表的依据。根据各年度工程进度计划项目及工程量，以项目管理预算单价编制静态投资，参考上年度审定的价格指数预测价差，根据资金来源测算融资费用，编制投资计划报表；根据实际完成的工程项目及工程量，以项目管理预算单价编制静态投资完成额，计入投资人批准的价差和实际发生的融资费用，编制投资完成统计报表。同时，合同台账、变更台账、结算台账等统计标准与项目管理预算的划分保持一致，从而建立便于统计、对比、分析的台账体系。

（三）项目管理预算的编制

1．项目管理预算的编制原则

（1）项目管理预算静态投资控制在设计概算限额之内，可以对概算项目、工程量、工程单价、基本预备费等进行合理调整。

（2）按"两分开"原则编制项目管理预算，为满足建立"静态控制、动态管理"的投资管理模式的需要，应将枢纽工程静态投资和征地移民静态投资分开，将静态投资和动态投资分开。

（3）项目管理预算的项目划分应满足工程项目管理、计划统计和财务核算的要求，原则上与建筑、安装、设备采购的招标口径保持一致，同时与设计概算项目划分建立有机联系，纵向按管理层次划分项目，横向按管理职责划分费用。

（4）项目管理预算的基础价格和取费费率水平应与设计概算保持一致，施工效率应结合工程实际情况及现场测量定额水平合理确定。

（5）项目管理预算的表现形式应满足不同层次和部门的管理需要。

（6）项目管理预算编制应结合工程实际，综合考虑工程项目实施过程中可能存在的各种风险，适度留有余地。

（7）项目管理预算编制工作应在初步设计批复以后启动，在招标设计阶段编制完成，作为投资控制的基础依据；除编制项目管理预算外，项目法人应建立与项目管理预算配套的投资控制目标分解及奖惩制度体系。

2．项目管理预算的编制程序

一般大中型水利工程项目管理预算的编制程序如下：

（1）确定编制大纲。

（2）根据工程进展情况，按招标项目划分编制单项工程项目管理预算，在主体工程招标完成后，通过汇总单项工程项目管理预算编制总预算。

（3）项目法人组织专家进行内部审查，编制单位根据审查意见不断修改，直至完善。

（4）项目管理预算报投资人审批，作为投资控制的依据。

（四）项目管理预算的划分

项目管理预算一般可划分为建筑安装工程采购、金属结构及机电设备采购、专项采购、项目管理费、技术服务采购费、生产准备费、建设征地移民补偿费、其他费用、可调剂预留费用和基本预备费等 10 个部分。每个部分之下的项目，原则上根据招标项目和建设管理体制，以及工程的具体情况进行设置。其中，建筑安装工程采购、金属结构及机电设备采购、专项采购宜按照标段（或分标方案）列示工程项目，单独列示未招标的概算项目，并单独列示合同外实际完成的相关工程项目。

（1）建筑安装工程采购。建筑安装工程采购指永久工程和临时工程建筑安装工程的采购，设备安装工程与设备采购一起招标时，可将安装工程列入建筑安装工程采购项目。未招标的建筑安装工程项目可按照分标方案列项。

（2）金属结构及机电设备采购。一般按标段列示采购项目，未招标的金属结构及机电设备采购项目可按照分标方案列项。

（3）专项采购。一般包括永久和临时房屋建筑工程、水情自动测报系统、安全监测系统、信息管理系统、水土保持工程、环境保护工程等项目的采购，可根据初步设计概算对项目进行调整，但未经批准不得随意增减。

（4）项目管理费。主要包括建设单位项目管理费、联合试运转费等。

（5）技术服务采购费。包括工程勘测设计费、监理费、招标业务费、科学研究试验费、技术经济咨询费等。

（6）生产准备费。主要包括生产及管理单位提前进厂费、生产职工培训费、管理用具购置费、备品备件购置费、工器具及生产家具购置费。

（7）其他费用。主要包括工程保险费、工程质量监督费、定额编制管理费等。

（8）建设征地移民补偿费。

（9）可调剂预留费用。

（10）基本预备费。

（五）项目管理预算的流程

（1）建筑安装工程采购项目管理预算。

1）工程量。已完成的工程项目，采用合同工程量和已履行相关手续的变更工程量；已完成招标的项目，采用合同工程量；未完成招标的项目，采用招标设计工程量。

2）价格。主要建筑安装工程项目，按单价法编制工程单价；次要项目尽可能采用单价法；个别项目可采用指标法或比例法编制。

3）工程单价。①按照招标设计的施工组织设计所确定的施工方法选用定额，已完成招标的项目可结合中标单位的施工组织设计确定施工方法并编制单价；②工程单价。原则采用相应行业预算定额进行编制，在此基础上可考虑超挖、超填、施工附加量等工程实际情况适当调整；③基础单价（包括人工、水、电、风、砂石骨料、柴油、火工品等）。采用初步设计概算相应价格；④其他直接费、间接费。一般采用行业规定的费率进行计算，可以根据工程情况适度调整；⑤企业利润。采用行业规定费率；⑥税金。按照初步设计概算税率计算。

（2）金属结构及机电设备采购项目管理预算。

1）设备数量。已完成安装的，采用合同数量和已履行相关手续的变更数量；已招标采购的，采用合同数量；未招标采购的，采用招标设计数量。

2）设备价格。可采用招标设计预算值。

（3）专项采购。根据专项工程的具体情况，分别采用以下方法编制：

1）采用招标设计预算值。

2）采用与专业部门签订的协议价格。

3）按不同项目特点分别计算，基于建筑工程采购相近的项目参照建筑安装工程的编制方法计算；与设备采购相近的项目参照设备采购的编制方法计算；与费用相近的项目参照费用项目的编制方法计算。

（4）项目管理费。按照工程具体建设管理模式，并根据当年价格水平进行编制。

（5）技术服务采购费。

1）工程勘测设计费。已招标或已签订勘测设计合同的，采用合同价；未招标的采用初步设计概算值。

2）工程建设监理费。已招标项目采用合同价，未招标的采用初步设计概算值；未全部招标项目在已签订合同额的基础上计入未招标部分的监理费。

3）招标业务费。包括招标代理服务费和其他招标工作经费，如项目法人对招标文件的咨询、审查等工作所需费用。

4）科学研究试验费。采用初步设计概算值。

5）技术经济咨询费。项目建设进行技术、经济、法律咨询发生的相关费用及国家有关部门进行的项目评审、项目后评价等相关费用。技术经济咨询费原则按建筑安装工程、金属结构及机电设备、专项采购项目管理预算投资之和的 0.5% ~ 1%计列（投资基数大的取下限，投资基数小的取上限，其他取中间）。

（6）生产准备费。采用初步设计概算值。

（7）建设及施工场地征用费。采用初步设计概算值。

（8）其他费用。其他费用是工程建费用项目之一，主要包括工程保险费、工程质量监督费以及其他税费。

（9）可调剂预留费用。为项目管理预算与初步设计概算投资对比减少的建筑安装工程、设备工程和费用投资之和。

四、"静态控制、动态管理"的价差调整

动态投资主要是指由外界环境制约的因素决定的那部分投资，其产生原因主要是物价上涨、融资成本变化、政策性调整等。物价上涨发生的概率最大、影响也最大、计算也最复杂；融资成本变化主要是利率变化，计算相对比较简单，同

时它只对项目法人筹资产生影响；政策性调整如税率变化，其计算也比较简单。价差调整涉及投资人与项目法人、项目法人与承包商两个层级，应作为动态投资控制的重点。

（一）价差调整的两个层次

价差调整包括投资人与项目法人、项目法人与承包商两个层次，两个层次的价差调整既有区别也有联系。

（1）投资人与项目法人之间的价差调整，以投资人批准的价格指数和项目管理预算单价、实际完成工程量计算的投资完成额作为计算依据。

（2）项目法人与承包商之间的价差结算严格执行合同约定的调整方式，比如定值权重、变值权重的确定等。

（3）两个层次的价差结算冲抵后的盈亏，由项目法人负责。

（二）价差调整的计算方法

价差调整主要有以下两种计算方法：

（1）以承包商提供的由于劳动力成本和材料市场价格上涨而使项目成本增加的文件证据为基础的"文件证据法"，该方法存在管理繁琐、操作不便等缺陷，主要适用于小型项目。

（2）公式法的计算方式简明扼要，但是定值权数设定、调价因子确定、变值权重设定、价格指数测算十分复杂，适用于大中型水利工程。《水利水电工程标准施工招标文件》中推荐的价差调值方式为公式法。

（三）定值权重的设定

定值权重的实质是合同价格中不能参与调价的部分与合同总价的比值，固定系数测算的原则一般是合同价格中不因物价变动而变化的部分。世界银行项目推荐的固定系数为 0.15 左右，如小浪底发电设备工程采用的调价公式固定系数为 0.15；而实际工程项目中所用的固定系数值变化较大，其数值变化大致为 0.10 ~ 0.35。

对于项目法人来说，其一般希望选择一个较大的定值权重，这样项目后期调整价差的金额相对较小；承包商则正好相反，其希望定值权重尽可能小，这样项目后期调整价差的金额就大。定值权重的设定体现了项目法人、承包商之间相互博弈的过程，也体现了风险共担的合作理念。从公平公正、有利于工程建设角度考虑，项目法人应在预测物价上涨趋势的基础上合理确定定值权重。

（四）变值权重的设定

变值权重计算的基本原则是影响因子按成本比例原则进行确定，其包括以下两个方面的内容：

（1）变值权重的计算主要是通过计算各个影响因子在项目总的静态投资额中的比例，比如依据影响因子在总项目管理预算中所占的比例来确定其变值权重的数值。

（2）变值权重的最终确定还需要在分项计算的基础上，通过逐级汇总的方式进行综合，也就是逐级加权汇总。

对于项目法人来说，也可以在招标文件中对各项系数给出一个范围，由投标人在规定的范围内选取；如招标文件规定投标人可自主确定变值权重，其一般是以投标单价中"人、材、机"及其他费用的构成比例来确定变值权重。一般而言，项目法人总希望将预计价格上涨幅度较大的影响因子权重设置小一点，而承包商则恰恰相反。对于项目法人来说，变值权重也不是越小越好，在设定或确定取值区间时，要立足于工程建设全局，从风险均摊、实现双赢的角度合理确定。

（五）影响因子的相关内容

1. 影响因子的选择

（1）长耗材料均应作为影响因子，比如混凝土浇筑工程中用到的水泥、水、电等。

（2）对预计涨价幅度较大且参与调整的费用总额较高的材料应作为影响因子。

（3）人工费及建筑材料应作为影响因子的首选项目。

（4）影响因子的选择应注意其需要具有严格对应或者是可以核实的统计价格指数，这样有利于避免使用替代指数对价格指数计算精度的影响。

（5）影响因子的数目选择不宜少于 5 个，也不宜过多，应选择变动幅度较大或费用调整额较高的材料。

2. 影响因子价格指数

一般情况下，水利工程项目价格指数计算中影响因子的价格信息采集主要包括建筑安装工程、金属结构及机电设备工程、独立费用三部分。

（1）建筑安装工程的价格信息采集方式。建筑安装工程价格信息的采集主要是指构成建筑安装工程的人工、材料、机械及各项费用的有关价格的采集，其主要原则包括以下三项：

1）属于国家定价的产品，如电价、火工产品价格，以国家颁布的价格为定价依据。

2）以市场价为主的产品，如钢筋、木材、水泥等，以各地区价格信息中心或管理部门发布的信息价为依据。

3）其他各费用项目中，如果采用替代价格指数，应尽量采用国家统计局等权威部门发布的近似价格指数。

（2）金属结构及机电设备工程的价格信息采集方式。水利工程项目的设备工程主要可划分为主要设备、专用设备和通用设备三种。

1）主要设备和专业设备价格指数的计算是以合同价以及各主要设备的静态投资额分类为依据的。

2）通用设备直接采用国家统计局发布的固定资产投资价格指数中的设备价格指数计算。一些大型非标设备，由于无相应定型设备价格对比资料，某些项目进口设备又占相当大的比例，且设备是通过招标定价，也可以采用设备的合同价格作为依据。

（3）独立费用价格指数的计算。独立费用的价格指数按物价部门发布的价格指数或采用相关费用价格指数计算。

第六章　水利工程建设的合同管理

第一节　工程建设合同概述

《合同法》第二条规定，合同是平等主体的自然人、法人和其他组织之间设立、变更、终止民事权利义务关系的协议。作为一种协议，合同必须是当事人双方意思表示一致的民事法律行为。合同是当事人行为合法性的依据。合同中所确定的当事人的权利、义务和责任，必须是当事人依法可以享有的权利和能够承担的义务与责任，这是合同具有法律效力的前提。当事人依法享有自愿订立合同的权利，任何单位和个人不得非法干预。"市场经济也是契约经济，合同则是市场主体最基本的行为，市场主客体的关系就是合同关系，主客体的权利义务通过合同明确，合同是界定市场主客体利益的重要依据[①]"。

任何合同都应具有三大要素，即合同的主体、客体和合同内容。

（1）合同主体。即签约双方的当事人。合同的当事人可以是自然人、法人或其他组织，且合同当事人的法律地位平等，一方不得将自己的意志强加于另一方，依法签订的合同具有法律效力，当事人应按合同约定履行各自的义务，不得擅自变更或解除合同。

（2）合同客体。指合同主体的权利与义务共同指向的对象，如建设工程项目、货物、劳务、智力成果等。客体应规定明确，切忌含混不清。

（3）合同内容。合同双方的权利、义务和责任。根据《合同法》第十二条的规定，合同的内容由当事人约定，一般包含以下方面：当事人的名称或者姓名和住所，标的，数量，质量，价款或者报酬，履行期限、地点和方式，违约责任，解决争议的方法。

一、工程建设合同的特征

工程建设合同是承包商进行工程建设，发包人支付工程价款的合同。工程建设合同是一种诺成合同，合同订立生效后双方均应严格履行。同时，工程建设合同也是一种有偿合同，合同双方当事人在执行合同时，都享有各自的权利，也必须履行自己应尽的义务，并承担相应的责任。

---

① 贾燕. 关于加强水利工程建设合同管理工作的思考[J]. 治淮，2022（1）：62-64.

工程建设合同主要有下述特征:

(一) 合同主体的严格性

工程建设合同主体一般只能是法人。发包人一般只能是经过批准进行工程项目建设的法人,必须有国家批准的建设项目、落实投资计划,并且应当具备相应的协调能力;承包人则必须具备法人资格,而且必须具备相应的从事勘察、设计、施工、监理等业务的资质。

(二) 合同客体的特殊性

工程建设合同的客体是各类建筑产品,其形态往往是多种多样的。建筑产品的单件性及固定性等特点,决定了工程建设合同客体的特殊性。

(三) 合同履行期限的长期性

由于建设工程结构复杂、体积大、工作量大、建筑材料类型多、投资巨大,其生产周期一般较长,从而导致工程建设合同履行期限较长。同时,由于投资额巨大,工程建设合同的订立和履行一般都需要较长的准备期,而且,在合同的履行过程中,还可能因为不可抗力、工程变更、材料供应不及时等原因而导致合同期限的延长,这就决定了工程建设合同履行期限的长期性。

(四) 投资和建设程序的严格性

由于工程建设对国家的经济发展和广大人民群众的工作与生活都有重大的影响,因此国家对工程项目在投资和建设程序上有严格的管理制度,订立工程建设合同也必须以国家批准的投资计划为前提,即使是以非国家投资方式筹集的其他资金,也要受到当年的贷款规模和批准限额的限制,该投资也要纳入当年投资规模,进行投资平衡,并要经过严格的审批程序,工程建设合同的订立和履行还必须遵守国家关于基本建设程序的有关规定。

二、工程建设合同的作用

(1)合同确定了工程建设和管理的目标。工程建设地点和施工场地、工程开工和完工的日期、工程中主要活动的延续时间等,是由合同协议书、工程进度计划所决定的;工程规模、范围和质量,包括工程的类型和尺寸、工程要达到的功能和能力,设计、施工、材料等方面的质量标准和规范等,是由合同条款、规范、图纸、工程量清单、供应单等决定的;价格和报酬,包括工程总造价,各分项工程的单价和合价,设计、服务费用和报酬等,是由合同协议书、中标函、工程量清单等决定的。

（2）合同是工程建设过程中双方解决纠纷的依据。在建设过程中，由于合同实施环境的变化、合同条款本身的模糊性、不确定性等因素，引起纠纷是难免的，重要的是如何正确解决这些纠纷。在这方面合同有两个决定性作用：

1）判定纠纷责任要以合同条款为依据，即根据合同判定应由谁对纠纷负责，以及应负什么样的责任。

2）纠纷的解决必须按照合同所规定的方式和程序进行。

（3）合同是工程建设过程中双方活动的准则。工程建设中双方的一切活动都是为了履行合同，必须按合同办事，全面履行合同所规定的权利和义务，并承担所分配风险的责任。双方的行为都要受合同约束，一旦违约，就要承担法律责任。

（4）合同是协调并统一参加建设者行为的重要手段。一个工程项目的建设，往往有相当多的参与单位，有业主、勘察设计、施工、咨询监理单位，也有设备和物资供应、运输、加工单位，还有银行、保险公司等金融单位，并有政府有关部门、群众组织等。每一个参与者均有自身的目标和利益追求，并为之努力。要使各参与者的活动协调统一，为工程总目标服务，就必须依靠为本工程顺利建设而签订的各个合同。项目管理者要通过与各单位签订的合同，将各合同和合同规定的活动在内容上、技术上、组织上、时间上协调统一，形成一个完整、周密、有序的体系，以保证工程有序地按计划进行，顺利地实现工程总目标。

三、工程建设合同的类别

工程建设合同从管理角度讲有多种分类方式。

（一）按计价方式分类

按计价方式不同，业主与承包商所签订的合同可以划分为总价合同、单价合同和成本加酬金合同三种类型。

（1）建设工程勘察、设计合同和设备加工采购合同一般为总价合同。

（2）建设工程委托监理合同大多数为成本加酬金合同。

（3）建设工程施工合同根据招标准备情况和工程项目特点不同，可选择其适用的一种合同。

1. 总价合同

总价合同又分为固定总价合同、固定工程量总价合同以及可调整总价合同。

（1）固定总价合同。"不论合同文件有无已标价的工程量清单，固定总价合同下未完成工程结算均为有约定按约定，没有约定经双方协商不能达成一致且按照合同相关条款不能确定，或实际完成工程与原合同约定工程外界条件、性质不具有类似性的，应按客观的市场价结算①"。合同当事人双方以招标时的图纸和工程量等招标文件为依据，承包商按投标时业主接受的合同价格承包并实施。在合同履行过程中，如果业主没有要求变更原定的承包内容，承包商实施并圆满完成所承包工程的工作内容，不论承包商的实际成本是多少，业主都应当按合同价支付项目价款。

（2）固定工程量总价合同。在工程量报价单中，业主按单位工程及分项工程内容列出实施工程量，承包商分别填报各项内容的直接费单价，然后再汇总出总价，并据此总价签订合同。合同内原定工作内容全部完成后，业主按总价支付给承包商全部费用。如果中途发生设计变更或增加新的工作内容，则用合同内已确定的单价来计算新增工程量而对总价进行调整。

（3）可调整总价合同。这种合同与固定总价合同基本相同，但合同期较长（一般为一年以上），只是在固定总价合同的基础上，增加了合同执行过程中因市场价格浮动等因素对承包价格调整的条款。常见的调价方式有票据价格调整法、文件证明法、公式调价法等。

2．单价合同

单价合同是指承包商按工程量报价单内分项工作内容填报单价，以实际完成工程量乘以所报单价计算结算款的合同。承包商所填报的单价应为计入各种摊销费以后的综合单价，而非直接费单价。合同执行过程中如无特殊情况，一般不得变更单价。单价合同的执行原则是，工程清单中分项开列的工程量，在合同实施过程中允许有上下浮动变化，一旦该项目工作内容的单价不变，结算支付时以实际完成工程量为依据。因此，按投标书报价单中预计工程量乘以所报单价计算的合同价格，并不一定就是承包商保质保量完成合同中规定的任务后所获得的全部款项，可能比它多，也可能比它少。

单价合同大多用于工期长、技术复杂、实施过程中发生各种不可预见因素较多的大型工程的施工，以及业主为了缩短项目建设周期，初步设计完成后就进行施工招标的工程。单价合同的工程量清单内所列出的工程量一般为估算工程量，而非准确工程量。

常见的单价合同有估计工程量单价合同、纯单价合同和单价与包干混合合同3种。

（1）估计工程量单价合同。承包商在投标时，以工程量报价单中列出的工作

---

① 汪明纲，辛超，邱维雨．固定总价合同未完成工程结算方法探析：兼评江苏高院审理施工合同纠纷案件若干问题解答第 8 条[J]．工程造价管理，2021（6）：38-43．

内容和估计工程量填报相应的单价后，累计计算合同价。此时的单价应为计入各种摊销费后的综合单价，即成品价，不再包括其他费用项目。合同履行过程中应以实际完成工程量乘以单价作为结算和支付的依据。这种合同方式较为合理地分担了合同履行过程中的风险。

（2）纯单价合同。招标文件中仅给出各项工程的分部分项工程项目一览表、工程范围和必要的说明，而不提供工程量。投标人只要报出各分部分项工程项目的单价即可，实施过程中按实际完成工程量结算。由于同一工程在不同的施工部位和外部环境条件下，承包商的实际成本投入不尽相同。因此，仅以工作内容填报单价不易准确，而且对于间接费分摊在许多工种中的复杂情况以及有些不易计算工程量的项目内容，采用纯单价合同往往在结算过程中会引起麻烦，甚至导致合同争议。

（3）单价与包干混合合同。这种合同是总价合同与单价合同结合的一种形式，对内容简单的工程量采用总价合同承包；对技术复杂、工程量为估算值部分采用单价合同方式承包。

3．成本加酬金合同

成本加酬金合同是将工程项目的实际投资划分为直接成本费和承包商完成工作后应得酬金两部分。实施过程中发生的直接成本费由业主实报实销，另按合同约定的方式付给承包商相应的报酬。成本加酬金合同大多适用于边设计边施工的紧急工程或灾后修复工程，是以议标方式与承包商签订合同。由于在签订合同时，业主还提供不出可供承包商准确报价的详细资料，因此在合同中只能商定酬金的计算办法。

（二）按工程承包的内容分类

按工程承包的内容来划分，工程建设合同可以分为建设工程勘察合同、建设工程设计合同、建设工程监理合同和建设工程施工合同等类型。

（三）按承、发包的范围和数量分类

按承、发包的范围和数量，可以将工程建设合同分为建设工程总承包合同、建设工程承包合同、分包合同3种。

建设工程总承包合同是指工程建设发包人将工程建设的全过程发包给一个承包人的合同。

建设工程承包合同是指发包人将建设工程的勘察、设计、施工等的每一项发包给一个或多个承包人的合同。

分包合同是指经合同约定和发包人认可，分包商从工程承包人的工程中承包部分工程而订立的合同。

四、工程建设监理合同管理

监理单位受项目法人委托承担监理业务，应与项目法人签订工程建设监理合同，这是国际惯例，也是《水利工程建设监理规定》中明确的。工程建设监理合同的标的，是监理单位为项目法人提供的监理服务，依法成立的监理委托合同对双方都具有法律约束力

（1）建设监理合同的组成文件。建设监理合同的组成文件及优先解释顺序如下：监理委托函或中标函；监理合同书；监理实施过程中双方共同签署的补充文件；专用合同条款；通用合同条款；监理招标书（或委托书）；监理投标书（或监理大纲）。这些同文件为一整体，代替了合同书签署前双方签署的所有协议、会谈记录及有关相互承诺的一切文件。

（2）《水利工程建设监理合同示范文本》的组成。工程建设监理合同是履行合同过程中双方当事人的行为准则，《水利工程建设监理合同示范文本》包括监理合书、通用合同条款、专用合同条款和合同附件四部分。

1）监理合同书。监理合同书是发包人与监理人在平等的基础上协商一致后签署的，其主要内容是当事人双方确认的委托监理工程的概况，包括工程名称、工程地点、工程规模及特性、总投资、总工期，监理范围、监理内容、监理期限、监理报酬，合同签订、生效、完成时间，明确监理合同文件的组成及解释顺序。

2）通用合同条款。通用合同条款适用于各个工程项目建设监理委托，是所有签约工程都应遵守的基本条件。通用合同条款应全文引用，条款内容不得更改。

通用合同条款内容涵盖了合同中所涉及的词语含义、适用语言，适用法律、法规、规章和监理依据，通知和联系方式，签约双方的权利、义务和责任，合同生效、变更与终止，违约行为处理，监理报酬，争议的解决及其他一些情况。

3）专用合同条款。由于通用合同条款适用于所有的工程建设监理委托，因此其中的某些条款规定得比较笼统。专用合同条款是各个工程项目根据自己的个性和所处的自然、社会环境，由项目法人和监理单位协调一致后填写的。专用合同条款应当对应通用合同条款的顺序进行填写。

4）合同附件。合同附件是供发包人和监理人签订合同时参考用的，是明确监理服务工作内容、工作深度的文件。它包括监理内容、监理机构应向发包人提供的信息和文件。监理内容应根据发包人的需要，参照合同附件，双方协商确定。

一般来说，构成合同的各种文件是一个整体，应能相互解释、互为说明。但是，由于合同文件内容众多、篇幅庞大，很难避免彼此之间出现解释不清或有异议甚至互相矛盾的情况。因此，合同条款中必须规定合同文件的优先次序，即当不同文件出现模糊或矛盾时，以哪个文件为准。组成合同的各种文件及优先解释

顺序如下：协议书（包括补充协议）；中标通知书；投标报价书；专用合同条款；通用合同条款；技术条款；图纸；已标价的《工程量清单》；经双方确认进入合同的其他文件。

如果建设单位选定不同于上述的优先次序，则应当在专用条款中予以说明；建设单位也可将出现的含糊或异议的解释和校正权赋予监理工程师，即由监理工程师向承包单位发布指令，对这种含糊或异议加以解释和校正。

第二节　建设各方的权利、义务与责任

一、发包人的权利、义务与责任

（一）发包人的权利

（1）对总设计、总承包单位的选定权。发包人是工程建设投资行为的主体，要对投资效益全面负责，因此有选定工程总设计和总承包单位以及与其订立合同的权力。

（2）授予监理权限的权力。发包人委托监理人承担监理业务，监理人在发包人授权范围内，对其与第三方签订的各种承包合同的履行实施监理，因此在监理委托合同中需明确委托的监理任务及监理人的权限，监理人行使的权力不得超过合同规定范围。

（3）重大事项的决定权。

1）承包分配权。发包人一般是通过竞争方式选择监理人员，并对监理人员的素质和水平、监理规划、监理经验和监理业绩进行全面审查。因此，监理人员不得转让、分包监理业务。

2）对监理人员的控制监督权。监理人员更换总监理工程师须事前经发包人同意，发包人有权要求监理人更换不称职的监理人员，直到终止合同。

3）对合同履行的监督权。发包人有权对监理机构和监理人员的监理工作进行检查，有权要求监理人员提交监理月报及监理工作范围内的专题报告。

4）工程重大事项的决定权。发包人有对工程设计变更的审批权，有对工程建设中质量、进度、投资方面的重大问题的最终决定权，有对工程款支付、结算的最终决定权。

（二）发包人的一般义务与责任

（1）遵守有关的法律、法规和规章。

（2）委托监理人按合同规定的日期向承包人发布开工通知。

（3）在开工通知发出前安排监理人员及时实施监理。

（4）按时向承包人提供施工用地、施工准备工程等。

（5）按有关规定，委托监理人员向承包人提供现场测量基准点、基准线和水准点及其有关资料。

（6）按合同规定负责办理由发包人投保的保险。

（7）提供已有的与合同工程有关的水文和地质勘探资料。

（8）委托监理人员在合同规定的期限内向承包人提供应由发包人负责提供的图纸。

（9）按规定支付合同价款。

（10）为承包人实现文明施工目标创造必要的条件。

（11）按有关规定履行其治安保卫和施工安全职责。

（12）按有关规定采取环境保护措施。

（13）按有关规定主持和组织工程的完工验收。

（14）应承担专用合同条款中规定的其他一般义务和责任。

二、监理机构的权利、义务与责任

（一）监理机构的权利

（1）建议权。监理机构有选择工程施工、设备和材料供应等单位的建议权；对工程实施中的重大技术问题，有向设计单位提出建议的权利；协助发包人签订工程建设合同；有权要求承包人撤换不称职的现场施工和管理人员，必要时有权要求承包人增加和更换施工设备。

（2）确认权。监理机构对承包人选择的分包项目和分包人有确认权与否认权；有对工程实际竣工日期提前或延误期限的签认权；在工程承包合同约定的工程价格范围内，有工程款支付的审核和签认权以及结算工程款的复核确认权与否认权；有审核承包人索赔的权力。

（3）主持权。监理机构有组织协调工程建设有关各方关系的主持权；经事先征得发包人同意，发布开工令、停工令、返工令和复工令。

（4）审批权。监理机构有对工程建设实施设计文件的审核确认权，只有经监理机构审核确认并加盖公章的工程设计图纸和设计文件，才能成为有效的施工依据；监理人员有对工程施工组织设计、施工措施、施工计划和施工技术方案的审批权。

（5）检验权。监理机构有对全部工程的施工质量和工程上使用的材料、设备的检验权和确认权；有对全部工程的所有部位及其任何一项工艺、材料、构件和工程设备的检查、检验权。

（6）监督权。监理机构有对工程施工进度的检查、监督权，有对安全生产和文明施工的监督权；有对承包人设计和施工的临时工程的审查和监督管理权。

（二）监理机构的义务与责任

（1）在专用合同条款约定的时间内，向发包人提交监理规划、监理机构组成以及委派的总监理工程师和主要监理人员名单、简历。

（2）按照专用合同条款约定的监理范围和内容，派出监理人员进驻施工现场，组建监理机构，编制监理细则，并正常有序地开展监理工作。

（3）更换总监理工程师须经发包人同意。

（4）建立健全监理岗位责任制和工程质量终身负责制。

（5）在履行合同义务期间，运用合理的技能提供优质服务，帮助发包人实现合同预定的目标，公正地维护各方的合法权益。

（6）现场监理人员应按照施工工作程序及时到位，对工程建设进行动态跟踪监理，工程的关键部位、关键工序应进行旁站监理。

（7）监理人员必须采取有效的手段，做好工程实施阶段各种信息的收集、整理和归档，并保证现场记录、试验、检验以及质量检查等资料的完整性和准确性。

（8）监理机构应认真写好"监理日记"，保持其及时性、完整性和连续性；应向发包人提交监理工作月度报告及监理业务范围内的专题报告。

（9）监理机构使用发包人提供的设施和物品属于发包人的财产，在监理工作完成或中止时，应按照专用合同条款的规定移交发包人。

（10）在合同期内或合同终止后，未经发包人同意，不得泄露与工程、合同业务活动有关的保密资料。

（11）如因监理机构和监理人员违约或自身的过失，造成工程质量问题或发包人的直接经济损失，监理机构应按专用合同条款的规定承担相应的经济责任。

（12）监理机构因不可抗力的原因导致不履行或不能全部履行合同时，不承担责任。

（13）监理机构对承包人因违约而造成的质量事故和完工（交图、交货、交工）时限的延期，不承担责任。

三、承包人的权利、一般义务与责任

（一）承包人的权利

（1）承包人对发包人未按照约定的时间和要求提供原材料、设备、场地、资金、技术资料的，可以请求顺延工程日期，还可以请求赔偿停工、窝工等损失。

（2）承包人在建设工程竣工后，发包人未按照约定支付价款的，可以催告发包人在合理的期限内支付价款。

（3）承包人对发包人逾期不支付价款的，除按照建设工程的性质不宜折价、拍卖的外，可以与发包人协议将该工程折价，也可以申请人民法院将该工程依法拍卖。折价或拍卖所得价款，承包人有优先受偿权。

（4）对隐蔽工程承包人已通知发包人检查，而发包人没检查的，承包人可以顺延工程日期，并有权要求赔偿停工、窝工等造成的损失。

（二）承包人的一般义务与责任

（1）遵守有关法律、法规和规章。

（2）按规定向发包人提交履约担保证件。

（3）在接到开工通知后，及时调遣人员和调配施工设备、材料进入工地，按施工总进度要求，完成施工准备工作。

（4）执行监理机构的指示，按时完成各项承包工作。

（5）按合同规定的内容和时间要求，编制施工组织设计、施工措施计划和由承包人负责的施工图纸，报送监理机构审批，并对现场作业和施工方法的完备和可靠负全部责任。

（6）按合同规定负责办理由承包人投保的保险。

（7）按国家有关规定文明施工。

（8）严格按施工图纸和技术条款中规定的质量要求完成各项工作。

（9）按有关规定认真采取施工安全措施，确保工程和由其管辖的人员、材料、设施和设备的安全，并应采取有效措施防止工地附近建筑物和居民的生命财产遭受损害。

（10）遵守环境保护的法律、法规和规章。

第三节　工程变更与索赔管理分析

一、变更管理分析

"设计变更是水利工程建设过程中的一个重要环节"[①]。工程变更是指施工过程中出现了与签订合同时预定条件不一致的情况，并需要改变原定施工承包范围

[①] 张浩，杨志刚，邓海生，等. 浅谈水利工程设计变更管理[J]. 海河水利，2013（4）：16-18.

内的某些工作内容，从而导致承包商实施工程项目的范围、内容、工艺等合同条件相较签订合同时发生了变化，承包商以此要求变更工期、项目单价的行为。工程变更包括工程量变更、工程项目变更（增减工程项目）、进度计划变更、施工条件变更等，因为我国要求严格按图施工，这些变更最终往往表现为设计变更。考虑到设计变更在工程变更中的重要性，往往将工程变更分为设计变更和其他变更两大类。按照变更导致的后果可分为工期变更和费用变更。

（一）变更的范围与内容

（1）取消合同中任何一项工作，但被取消的工作不能转由项目法人或其他人实施。

（2）改变合同中任何一项工作的质量或其他特性。

（3）改变合同工程的基线、标高、位置或尺寸。

（4）改变合同中任何一项工作的施工时间或改变已批准的施工工艺或顺序。

（5）为完成工程需要追加的额外工作。

（6）增加或减少专用合同条款中约定的关键项目的工程量超过其工程总量的一定数量百分比。

上述变更内容引起工程施工组织和进度计划发生实质性变动和影响其原定的价格时，才予以调整该项目的单价。单价调整方式应在合同中明确约定。

（二）管控变更的主要措施

引发变更的原因虽然很多，但主要的有五类：①勘察设计深度不够；②由于现场管理、进度协调而由监理工程师下发指令；③合同缺陷；④客观环境变化；⑤法律法规发生变化。上述五种引发变更的原因中，前三种可以采取措施减少变更项目、变更工程量，第四种也可以采取措施避免变更或减少费用增加，第五种属于不可抗力。

（1）对于勘察设计深度不够引起的工程变更，重点应放在初步设计、招标设计阶段，一定要建立全过程投资控制的理念，做好前期设计管理工作。

（2）在招标设计深度满足要求的基础上，项目法人要建立招标文件编制、审查机制，提高招标文件编制质量。

（3）建立重大施工方案联合审查制度，必要时请专家进行咨询，提高施工方案的科学性、合理性；建设管理过程中对监理工程师适度授权，减少工艺变更。

（4）建立风险预警机制，加强事前准备，避免变更或降低费用增加。

（5）基于项目管理预算，按照职责严明奖罚。

（6）建立严格的工程变更审批机制。

（7）建立生产例会制度，及时协调解决生产管理、移民征迁、图纸供应等方面的问题。

（三）工程变更的合同处理

1．变更立项审查

变更立项审查的重点：一是该项变更有没有合同依据；二是支撑资料是不是齐全、有效。合同是审查变更时最主要的依据，承包商申报的变更必须具有相应的合同条款支撑。另外，支撑资料必须齐全且有效，能够有力支持承包商的变更诉求，常见的支撑资料包括经监理工程师审查下发的图纸、设计通知、现场签证单及监理工程师指示等资料。

2．变更价格审查的原则

（1）已标价工程量清单中有适用于变更工作的子目的，采用该子目的单价。

（2）已标价工程量清单中无适用于变更工作的子目，但有类似子目的，可在合理范围内参照类似子目的单价，由监理人员审核并报项目法人批准后确定变更工作的单价。

（3）已标价工程量清单中无适用或类似子目的单价，可按照成本加利润的原则，由监理人员审核并报项目法人批准后确定变更工作的单价。

3．变更价格审核的要点

在单价编审的过程中，确定人工、材料、机械设备的基础价格及费率，选用合适的定额是三个关键要素，确定了以上三个要素，也就基本确定了变更项目单价。

（1）基础价格的确定。

1）人工基础价格。优先选用承包商投标文件中的价格，也就是合同确定的人工价格。

2）材料价格。优先选用承包商投标文件中的价格，也就是合同确定的材料价格。按照成本加利润的原则，在合同中材料价格异常偏高的，也可以通过当地造价主管部门发布的造价信息确定材料价格。

3）机械设备价格。按照确定的人工基础价格、材料基础价格计算确定。

（2）费率确定。优先选用合同中确定的费率，对于合同中费率异常偏高的，遵循成本加利润原则。

（3）定额选用。定额选用遵循两个原则：一是必须与经监理工程师批复同意的施工方案相符合；二是按照《水利建筑工程预算定额》《水利建筑工程概算定额》和其他行业定额及地方定额的顺序选用定额。

二、索赔管理分析

索赔是工程承包合同履行过程中，当事人一方因对方不履行或不完全履行既定的义务，或者由于对方的行为使权利人受到损失时，要求对方补偿损失的权利。工程索赔分为施工索赔和项目法人索赔。施工索赔指由承包商提出的索赔，即由于项目法人或其他方面的原因，承包商在项目施工中付出了额外的费用或给承包商造成了损失，承包商通过合法途径和程序，要求项目法人偿还其在施工中额外付出的费用或损失。项目法人索赔指由项目法人发起的索赔，即由于承包商不履行合同以至拖延工期、工程质量不合格、中途放弃工程，项目法人向工程承包商提出的索赔。索赔是工程承发包中经常发生并随处可见的正常现象，索赔管理是合同管理中重要的组成部分。

（一）管控索赔措施

引发索赔的原因虽然很多，但主要的有三类：一是勘察设计深度不够引起的索赔；二是由于项目法人没有及时提供合同约定的施工条件而引起的索赔；三是不可抗力。

（1）对于勘察设计深度不够引起的工程索赔，管控重点应放在初步设计、招标设计阶段，一定要做好前期设计工作。

（2）在总进度计划的统一协调下，移民征迁、物资供应、场内外道路及水、电供应务必满足需要，避免因进度计划执行不到位导致项目法人提供的条件不具备而引发索赔。

（3）建立月度生产例会制度，及时沟通信息、协调处理问题，加强关键事项督办力度。

（4）建立应急响应制度，发生不可抗力事件时及时启动，采取措施降低损失并及时联系启动保险理赔，同时对承包商损失进行记录、签证，为后期处理索赔做好准备。

（5）建立完善的项目管理信息系统，保证工程管理信息及时有效地传递和处理，供项目管理人员判断分析。

（二）索赔项目

索赔项目包括工期索赔和费用索赔。

1. 工期索赔

在施工过程中，发生非承包商原因使关键项目的施工进度拖后而造成工期延误时，承包商可要求发包方延长合同规定的工期。

　　在工期索赔中，凡是由于客观原因造成的拖期，承包商一般只能提出工期索赔，不能提出费用索赔；凡属发包方原因造成的拖期，承包商不仅可以提出工期索赔，也可以提出费用索赔。

　　索赔事件发生后，承包商要分析是否为关键项目以及原先的非关键项目是否转换为关键项目，如果是关键项目同时造成工期延误，则按具体延误时间提出工期索赔并修订进度计划；否则，不能提出工期索赔。若发包方要求承包商修订进度计划或要求承包商提前完工，承包商可据此向发包方提出赶工费用补偿要求。

　　2．费用索赔

　　由于项目法人或其他方面的原因，承包商在项目施工中付出了额外的费用或给承包商造成了损失，承包商通过合法途径和程序，要求项目法人偿还他在施工中额外付出的费用或损失。

　　（三）索赔证据

　　索赔证据是工程施工过程中发生的记录或产生的文件，是承包商用来实现其索赔的有关证明文件和资料。索赔证据作为索赔文件的一部分，在很大程度上关系到索赔的成败。索赔证据不足或没有索赔证据，索赔就不可能获得成功。索赔证据既要真实，又要有法律效力。

　　（1）常用索赔证据：工程量清单、施工图纸、规范、承包商的主要施工进度、各种会议记录、施工过程中的相关文件资料。规范对双方而言都是极为重要的证据来源。工程的实施过程中承包商必须了解和熟悉工程所依照的规范，使规范在索赔取证中为己所用。

　　（2）索赔证据的整理。只有形成完整的证据链，索赔证据才能有效证明索赔事项，保证索赔成功。因此，索赔证据的收集过程不应简单停留在获取现成证据的层面上，索赔证据的收集应与索赔证据的审、查整理结合起来，在确立索赔意向和获得索赔证据的基础上，应仔细分析审查索赔证据是否全面、完整，据此主动收集新的索赔证据，弥补索赔证据链条的不足，以达到索赔证据全面、完整的目标，保证索赔成功。

　　（四）施工索赔的审核原则

　　水利工程建设规模大，建设周期长，现场施工条件、气候条件以及地质条件变化等均可引起施工索赔，审核施工索赔时，应把握以下原则：由于施工索赔是承包商根据合同有关条款，要求项目法人补偿不是由于自身责任造成损失的行为。因此，在审核施工索赔时，不论是合同中明示的或合同中隐含的，都必须在合同中找到相应的依据；否则，即使承包商证据再翔实可靠，施工索赔也不能予以认可。

索赔在工程承包中时常发生，引起索赔的因素很多，有属于项目法人责任的，如不利的自然条件与人为障碍、工程变更、非承包方原因引起的工期延期、项目法人不正当地终止工程、拖延支付工程款以及其他项目法人应承担的风险等；也有属于承包方责任的，如承包方引起的工期延期、质量不满足要求和其他承包商应承担的风险等。在同一索赔事件中，引起索赔的因素可能有多个。在审核施工索赔时，应分析索赔发生的原因，根据合同的规定，合理区分双方责任，为索赔金额或工期确定提供依据。

1．注重索赔事项的真实性

审核施工索赔时，必须确认该索赔事项真实存在，因此项目法人工程管理部门必须做好日常记录和资料管理工作，同时督促监理工程师做好现场记录，为有可能的索赔事件的处理提供原始资料。监理日志是反映现场情况的第一手资料，必须严格要求并真实完整记录，对于可能发生索赔事项的事件和施工现场，注重收集影像资料。

2．注重施工索赔的时效性

索赔是有时效性的，承包商应在察觉或应当察觉出现索赔事件或情况后 28 天内发出索赔通知，否则承包商无法获得索赔款，而项目法人可以免除有关该索赔的全部责任。

3．正确计算索赔费用

承包方为了完成额外的施工工作而增加的成本，如人工费、材料费、施工机械使用费、管理费、利息和利润等，均可向项目法人提出索赔，但对于不同原因引起的索赔，承包方按合同约定可以提出索赔的具体内容不同，因此在计算索赔费用时，应根据实际情况公平、公正地核算。

第七章　水利工程的安全生产管理

第一节　安全事故的应急救援与应急预案

一、安全生产事故的应急救援

（一）综合应急的主要内容

1. 综合应急总则

（1）编制目的。简述应急预案编制的目的、作用等。

（2）编制依据。简述应急预案编制所依据的法律法规、规章以及有关行业管理规定、技术规范和标准等。

（3）适用范围。说明应急预案适用的区域范围以及事故的类型、级别等。

（4）应急预案体系。说明本单位应急预案体系的构成情况。

（5）应急工作原则。说明本单位应急工作的原则，内容需要简明扼要。

2. 单位的危险性分析

（1）单位概况。主要包括单位地址、从业人数、隶属关系、主要原材料、主要产品、产量等内容以及周边重大危险源、重要设施、目标、场所和周边布局情况。

（2）危险源与风险分析。主要阐述和体现本单位存在的危险源及风险分析结果。

3. 应急组织机构及职责

（1）应急组织体系。明确应急组织形式，构成单位或人员，并尽可能以结构图的形式表示出来。

（2）指挥机构及职责。明确应急救援指挥机构总指挥、副总指挥、各成员单位及其相应职责。

应急救援指挥机构根据事故类型和应急工作需要，可以设置相应的应急救援工作小组，并明确各小组的工作任务及职责，保证遇到紧急情况时能够充分发挥作用。

4. 预防和预警

（1）危险源监控。明确本单位对危险源监测监控的方式、方法以及采取的预防措施。

（2）预警行动。明确事故预警的条件、方式、方法和信息的发布程序。

（3）信息报告与处置。按照有关规定，明确事故及未遂伤亡事故信息报告与处置办法。

5．应急响应

（1）响应分级。针对事故危害程度、影响范围和单位控制事态的能力，将事故分为不同的等级。按照分级负责的原则，明确应急响应级别，明确工作职责的划分。

（2）响应程序。根据事故的大小和发展态势，明确应急指挥、应急行动、资源调配、应急避险、扩大应急等响应程序。

（3）应急结束明确应急终止的条件。事故现场得以控制，环境符合有关标准，次生、衍生事故隐患消除后，经事故现场应急指挥机构批准后，现场应急结束。

6．后期处置

后期处置主要包括污染物处理、事故后果影响消除、生产秩序恢复、善后赔偿、抢险过程和应急救援能力评估及应急预案的修订等内容。

7．保障措施

（1）通信与信息保障。明确与应急工作相关联的单位或人员通信联系方式和方法，并提供备用方案。

（2）应急队伍保障。明确各类应急响应的人力资源，包括专业应急队伍、兼职应急队伍的组织与保障方案。

（3）应急物资装备保障。明确应急救援需要使用的应急物资和装备的类型、数量、性能、存放位置、管理责任人及其联系方式等内容。

（4）经费保障。明确应急专项经费来源、使用范围、数量和监督管理措施，保障应急状态时生产经营单位应急经费及时到位。

（5）其他保障。根据本单位应急工作需求而确定的其他相关保障措施（如交通运输保障、治安保障、技术保障、医疗保障、后勤保障等）。

（二）专项应急的主要内容

（1）事故类型和危害程度分析。在危险源评估的基础上，对其可能发生的事故类型和可能发生的季节及其严重程度进行确定。

（2）应急处置基本原则。明确处置安全生产事故应当遵循的基本原则。

（3）组织机构及职责。根据事故类型，明确应急救援指挥机构总指挥、副总指挥以及各成员单位或人员的具体职责。

（4）预防与预警。明确本单位对危险源监测监控的方式方法，以及采取的预防措施。明确具体事故预警的条件、方式、方法以及信息的发布程序。

（5）信息报告程序。主要包括：确定报警系统及程序，确定现场报警方式，确定24小时与相关部门的通信、联络方式，明确相互认可的通告、报警形式和内容，明确应急反应人员向外求援的方式。

（6）应急处置。针对事故危害程度、影响范围和单位控制事态的能力，将事故分为不同的等级。按照分级负责的原则，明确应急响应级别。

根据事故的大小和发展态势，明确应急指挥、应急行动、资源调配、应急避险、扩大应急等响应程序。

针对本单位事故类别和可能发生的事故特点、危险性，制定应急处置措施。

（7）应急物资与装备保障。明确应急处置所需的物质与装备数量、管理和维护、正确使用等。

（三）现场处置方案的主要内容

（1）应急组织与职责。应急组织与职责主要包括：基层单位应急自救组织形式及人员构成情况；应急自救组织机构、人员的具体职责，应同单位或车间、班组人员工作职责紧密结合，明确相关岗位和人员的应急工作职责。

（2）应急处置。应急处置主要包括：①事故应急处置程序。根据可能发生的事故类别及现场情况，明确事故报警、各项应急措施启动、应急救护人员的引导、事故扩大及同企业应急预案的衔接的程序；②现场应急处置措施。针对可能发生的情况，从操作措施、工艺流程、现场处置、事故控制、人员救护、消防、现场恢复等方面制定明确的应急处置措施；③报警电话及上级管理部门、相关应急救援单位联络方式和联系人员，事故报告的基本要求和内容。

（4）注意事项。注意事项主要包括：①佩戴个人防护器具方面的注意事项；②使用抢险救援器材方面的注意事项；③采取救援对策或措施方面的注意事项；④现场自救和互救的注意事项；⑤现场应急处置能力确认和人员安全防护等注意事项；⑥应急救援结束后的注意事项；⑦其他需要特别警示的事项。

二、安全事故的应急预案

应急预案为提高应对水利工程建设重大质量与安全事故的能力，做好水利工程建设重大质量与安全事故应急处置工作，有效预防、及时控制和消除水利工程建设重大质量与安全事故的危害，最大限度地减少人员伤亡和财产损失，保证工程建设质量与施工安全以及水利工程建设顺利进行。

（1）《水利工程建设重大质量与安全事故应急预案》适用于水利工程建设过程

中突然发生且已经造成或者可能造成重大人员伤亡、重大财产损失，有重大社会影响或涉及公共安全的重大质量与安全事故的应急处置工作。

（2）应急工作应当遵循"以人为本，安全第一；分级管理，分级负责；属地为主，条块结合；集中领导，统一指挥；信息准确，运转高效；预防为主，平战结合"的原则。

（3）水利工程建设重大质量与安全事故应急组织指挥体系由水利部及流域机构、各级水行政主管部门的水利工程建设重大质量与安全事故应急指挥部、地方各级人民政府、水利工程建设项目法人以及施工等工程参建单位的质量与安全事故应急指挥部组成。

（4）在本级水行政主管部门的指导下，水利工程建设项目法人应当组织制定本工程项目建设质量与安全事故应急预案，建立工程项目建设质量与安全事故应急处置指挥部。

（5）承担水利工程施工的施工单位应当制定本单位施工质量与安全事故应急预案，建立应急救援组织或者配备应急救援人员，配备必要的应急救援器材、设备，并定期组织演练。

（6）发生重大质量与安全事故后，在当地政府的统一领导下，应当迅速组建重大质量与安全事故现场应急处置指挥机构，负责事故现场应急救援和处置。

（7）预警预防行动。施工单位应当根据建设工程的施工特点和范围，加强对施工现场易发生重大事故的部位、环节进行监控，配备救援器材、设备，并定期组织演练。

（8）事故现场指挥协调和紧急处置。

1）水利工程建设发生质量与安全事故后，在工程所在地人民政府的统一领导下，应迅速成立事故现场应急处置指挥机构，负责统一领导、统一指挥、统一协调事故应急救援工作。

2）水利工程建设发生重大质量与安全事故后，项目法人和施工等工程参建单位必须迅速、有效地实施先期处置，防止事故进一步扩大，并全力协助开展事故应急处置工作。

（9）各级应急指挥部应当组织好三支应急救援基本队伍。

1）工程设施抢险队伍。由工程施工等参建单位的人员组成，负责事故现场的工程设施抢险和安全保障工作。

2）专家咨询队伍。由从事科研、勘察、设计、施工、监理、质量监督、安全监督、质量检测等工作的技术人员组成，负责事故现场的工程设施安全性能评价与鉴定，研究应急方案、提出相应的应急对策和意见；并负责从工程技术角度对已发生事故还可能引起或产生的危险因素及时进行分析预测。

3）应急管理队伍。由各级水行政主管部门的有关人员组成，负责接收同级人民政府和上级水行政主管部门的应急指令，组织各有关单位对水利工程建设重大质量与安全事故进行应急处置，并与有关部门进行协调和信息交换。

（10）宣传、培训和演练。

（11）监督检查。水利部工程建设事故应急指挥部对流域机构、省级水行政主管部门应急指挥部实施应急预案的指导和协调。

第二节　施工安全管理与文明建设的要求

一、施工安全管理

（一）安全管理任务

"水利工程不同于房建工程，建筑物与水相连，既有陆上高空作业，又有水下环境作业，如何协调好安全管理与质量控制之间的关系至关重要"[①]。施工安全管理的任务是建筑生产安全企业为达到建筑施工过程中安全的目的，所进行的组织、控制和协调活动，主要内容包括制定、实施、实现、评审和保持安全方针所需的组织机构、策划活动、管理职责、实施程序、所需资源等。施工企业应根据自身实际情况制定方针，并通过实施、实现、评审、保持、改进来建立组织机构，策划活动，明确职责，遵守安全法律法规，编制程序控制文件，实施过程控制，提供人员、设备、资金、信息等资源，对安全与环境管理体系按国家标准进行评审，按计划、实施、检查、总结循环过程进行提高。

（二）安全管理的特点

1. 复杂性

水利工程施工具有项目固定性、生产的流动性、外部环境影响的不确定性等特点，决定了施工安全管理的复杂性。

2. 多样性

受客观因素影响，水利工程项目具有多样性的特点，使得建筑产品具有单件性，每一个施工项目都要根据特定条件和要求进行施工生产，安全管理具有多样性特点，表现在以下四个方面：

（1）不能按相同的图纸、工艺和设备进行批量重复生产。

---

① 达云玲. 水利工程安全管理与质量控制的相关性研究[J]. 陕西水利，2019（6）:200-201.

（2）因项目需要设置组织机构，项目结束组织机构不存在，生产经营的一次性特征突出。

（3）新技术、新工艺、新设备、新材料的应用会为安全管理带来一定的挑战。

（4）人员的改变及安全意识不足，带来安全隐患。

3. 协调性

施工过程的连续性和分工决定了施工安全管理的协调性。水利施工项目不能像其他工业产品一样可以分成若干部分或零部件同时生产，水利施工必须在同一个固定的场地按严格的程序连续生产，上一道工序完成才能进行下一道工序，上一道工序生产的结果往往被下一道工序所掩盖，而每一道工序都是由不同的部门和人员来完成的，这就要求在安全管理中，不同部门和人员做好横向配合和协调，共同注意各施工生产过程接口部分的安全管理的协调，确保整个生产过程的安全。

4. 强制性

工程建设项目建设前，已经通过招标、投标程序确定了施工单位。由于目前建筑市场供大于求，施工单位大多以较低的标价中标，实施过程中安全管理费用投入严重不足，不符合安全管理规定的现象时有发生，这就要求建设单位和施工单位重视安全管理经费的投入，达到安全管理的要求，政府也要加大对安全生产的监管力度。

（三）安全控制的特点、程序、要求

1. 安全控制的特点

（1）安全控制面大。由于规模大、生产工序多、作业位置多、施工中不确定因素多等，施工中安全控制涉及范围广、控制面大。

（2）安全控制动态性强。水利工程建设项目的单件性，使得每个工程所处的条件不同，危险因素和措施也会有所不同，员工进驻一个新的工地，面对新的环境，需要时间去熟悉、适应工作制度和安全措施。

由于水利工程施工项目施工的分散性，现场施工分散于场地的不同位置和建筑物的不同部位，面对新的具体的生产环境，除了熟悉各种安全规章制度和技术措施外，还需作出自己的研判和处理。有经验的人员也必须适应不断变化的新问题、新情况。

（3）安全控制体系的交叉性。水利工程施工项目是一个系统工程，受自然和社会环境影响大，施工安全控制和工程系统、质量管理体系、环境和社会系统联系密切，交叉影响，建立和运行安全控制体系要相互结合。

（4）安全控制的严谨性。安全事故的出现是随机的，偶然中存在必然性，一

旦失控，就会造成伤害和损失，因此安全状态的控制必须严谨。

2．安全控制的程序

（1）确定项目的安全目标。按目标管理的方法，在以项目经理为首的项目管理系统内进行分解，从而确定每个岗位的安全目标，实现全员安全控制。

（2）编制项目安全技术措施计划。对生产过程中的不安全因素，应采取技术手段加以控制和消除，并以书面文件的形式，作为工程项目安全控制的指导性文件，落实预防为主的方针。

（3）落实项目安全技术措施计划。安全技术措施包括安全生产责任制、安全生产设施、安全教育和培训、安全信息的沟通和交流，通过安全控制使生产作业的安全状况处于可控制状态。

（4）安全技术措施计划的验证。安全技术措施计划的验证包括安全检查、纠正不符合因素、检查安全记录、修改与再验证安全技术措施。

（5）安全生产控制的持续改进。安全生产控制应持续改进，直到工程项目工作结束。

3．安全控制的基本要求

（1）必须取得安全行政主管部门颁发的"安全施工许可证"后才能够施工。

（2）总承包企业和每一个分包单位都应持有"施工企业安全资格审查认可证"。

（3）各类人员必须具备相应的执业资格才能上岗。

（4）新员工都必须经过安全教育和必要的培训。

（5）特种工种作业人员必须持有特种工种作业资格证书，并严格按期复查。

（6）对查出的安全隐患要做到五个落实：落实责任人、落实整改措施、落实整改时间、落实整改完成人、落实整改验收人。

（7）必须控制好安全生产的六个节点：技术措施、技术交底、安全教育、安全防护、安全检查、安全改进。

（8）现场的安全警示设施齐全、所有现场人员必须戴安全帽、高空作业人员必须系安全带等防护工具，并符合国家和地方的有关安全规定。

（9）现场施工机械尤其是起重机械等设备必须经安全检查合格后方可使用。

（四）安全检查

施工项目安全检查的目的是消除安全隐患、防止安全事故发生、改善劳动条件及提高员工的安全生产意识。施工安全检查是施工安全控制工作的重要内容，通过安全检查可以发现工程中的危险因素，以便有计划地采取相应措施，保证安全生产的顺利进行。项目的施工生产安全检查应由项目经理组织，定期进行检查。

1. 主要内容

安全生产检查的主要内容分为以下五个方面：

（1）查思想。主要检查企业干部和员工对安全生产工作的认识。

（2）查管理。主要检查安全管理是否有效，包括安全生产责任制、安全技术措施计划、安全组织机构、安全保证措施、安全技术交底、安全教育、持证上岗、安全设施、安全标识、操作规程、违规行为、安全记录等。

（3）查隐患。主要检查作业现场是否符合安全生产的要求，是否存在不安全因素。

（4）查事故。查明安全事故的原因、明确责任、对责任人进行处理，明确落实整改措施等要求。还要检查对伤亡事故是否及时进行报告、认真调查及严肃处理。

（5）查整改。主要检查对过去提出的问题的整改情况。

2. 主要规定

（1）定期对安全控制计划的执行情况进行检查、记录、评价、考核，对作业中存在的安全隐患，签发安全整改通知单，要求相应部门落实整改措施并进行检查。

（2）根据工程施工过程的特点和安全目标的要求确定安全检查的内容。

（3）安全检查应配备必要的设备，确定检查组成人员，明确检查方法和要求。

（4）检查方法采取随机抽样、现场观察、实地检测等，记录检查结果，纠正违章指挥和违章作业。

（5）对检查结果进行分析，找出安全隐患，评价安全状态。

（6）编写安全检查报告并上交。

3. 安全事故处理的原则

（1）事故原因不清楚不放过。

（2）事故责任者和员工没受教育不放过。

（3）事故责任者没受处理不放过。

（4）没有制定防范措施不放过。

二、文明建设的要求

（一）文明建设规范

（1）水利系统文明建设工地的评审工作由水利部优质工程审定委员会负责。其审定委员会办公室负责受理工程项目的申报、资格初审等日常工作。

（2）水利系统文明建设工地每两年评选一次。

（3）申报水利系统文明建设工地的项目，应满足三项条件：①已完工程量一般应达全部建安工程量的 30%以上；②工程未发生过严重违法乱纪事件和重大质量、安全事故；③符合《水利系统文明建设工地考核标准》的要求。

（4）水利系统文明建设工地由项目法人或建设单位负责申报。

（5）各流域机构或省级水行政主管部门需根据《水利系统文明建设工地考核标准》，在进行检查评比的基础上，推荐工程项目，要坚持高标准、严要求，认真审查，严格把关。

（6）申报单位须填写"水利系统文明建设工地申报表"等有关资料，于当年的 4 月报水利部优质工程审定委员会办公室。

（二）文明建设评审

（1）根据申报工程的情况，由水利部优质工程审定委员会办公室组织对有关工程的现场进行复查，并提出复查报告。

（2）申报单位申报和接受复查，不得弄虚作假，不得行贿送礼，不得超标准接待。对违反者，视情节轻重，给予通报批评、警告或取消其申报资格。

（3）评审人员要秉公办事，严守纪律，自觉抵制不正之风。对违反者，视其情节轻重，给予通报批评、警告或取消其评审资格。

（三）文明建设奖励

评为水利系统文明建设工地的项目，由水利部建设司、人事劳动教育司、精神文明建设指导委员会办公室联合授予建设单位奖牌；授予设计、监理、有关施工单位奖状。项目获奖将作为评选水利部优质工程的重要因素予以考虑。

（四）违纪处理

工程项目获奖后，如发生严重违法违纪案件和重大质量、安全事故，将取消其曾获得的"水利系统文明建设工地"称号。

（五）文明建设考核标准

1．精神文明建设

（1）认真组织学习《中共中央关于加强社会主义精神文明建设若干问题的决议》，坚决贯彻执行党的路线、方针、政策。

（2）成立创建文明建设工地的组织机构，制定创建文明建设工地的规划和办法并，认真实行。

（3）组织广大职工开展爱国主义、集体主义、社会主义教育活动。

（4）积极开展职业道德、职业纪律教育，定期开展岗位和劳动技能培训工作。

（5）群众文体生活丰富多彩，职工有良好的精神面貌，工地有良好的文明氛围，抓好宣传工作。

（6）工程建设各方能够遵纪守法，无违法违纪和腐败现象。

2. 工程建设管理水平

（1）工程实施符合基本建设程序。

（2）工程质量管理井然有序。

（3）施工安全措施周密。

（4）内部管理制度健全，建设资金使用合理、合法。

3. 施工区环境

（1）现场材料堆放、施工机械停放有序、整齐。

（2）施工现场道路平整、畅通。

（3）施工现场排水畅通，无严重积水现象。

（4）施工现场做到工完场清，建筑垃圾集中堆放并及时清运。

（5）危险区域有醒目的安全警示牌，夜间作业要设警示灯。

（6）施工区与生活区应挂设文明施工标牌或文明施工规章制度。

（7）办公室、宿舍、食堂等公共场所整洁卫生、有条理。

（8）工区内社会治安环境稳定，未发生严重打架斗殴事件，无黄、赌、毒等社会丑恶现象。

第三节　现场环境安全管理及其污染防治

一、现场环境安全管理的基本要求

（1）施工现场必须设置明显的标牌，施工单位负责施工现场标牌的保护工作。

（2）施工现场的管理人员在施工现场应当佩戴证明其身份的证卡。

（3）应当按照施工中平面布置图设置各项临时设施。

（4）施工现场的用电线路、用电设施的安装和使用必须符合安装规范和安全操作规程，并按照施工组织设计进行架设，严禁任意拉线接电。

（5）施工机械应当按照施工总平面布置图规定的位置和线路设置，不得任意侵占场内道路。

（6）应保持施工现场道路畅通，排水系统处于良好使用状态；保持场容场貌的整洁，随时清理建筑垃圾。

（7）施工现场的各种安全设施和劳动保护器具，必须定期进行检查和维护，及时消除隐患，保证其安全、有效。

（8）施工现场应当设置各类必要的职工生活设施，并符合卫生、通风、照明等要求。职工的膳食、饮水供应等应当符合卫生要求。

（9）应当做好施工现场安全保卫工作，采取必要的防盗措施，在现场周边设立维护设施。

（10）在施工现场建立和执行防火管理制度，设置符合消防要求的消防设施，并保持完好的备用状态。

（11）施工现场发生工程建设重大事故的处理，应依照《工程建设重大事故报告和调查程序规定》执行。

（12）对项目部所有人员应进行言行规范教育工作，大力提倡精神文明建设，用强有力的制度和频繁的检查教育，杜绝不良行为的出现。

（13）大力提倡团结协作精神，鼓励内部工作经验交流和传帮学活动，专人负责并认真组织参建人员业余生活，定期组织项目部进行友谊联欢和简单的体育比赛活动，丰富职工的业余生活。

（14）在重要节假日，项目部应安排专人负责采购生活物品，组织集体活动，并尽可能提供条件让所有职工与家人进行短时间的通话交流，以改善他们的心情。

二、现场环境的污染防治

"建筑施工的数量与日俱增，但由于建筑施工周期长、施工复杂、材料需求量大、不可逆性等特点，特别是缺乏整体生态平衡考量，其生命周期各阶段造成环境污染问题也越来越严重"[1]。要达到环境安全管理的基本要求，主要是应防治施工现场的空气污染、水污染、噪声污染，同时对原有的及新产生的固体废弃物进行必要的处理。

（一）空气污染的防治

（1）施工现场垃圾、渣土要及时清理出现场。

（2）清理上部结构施工垃圾时，要使用封闭式的容器或者采取其他措施处理高空废弃物，严禁临空随意抛撒。

（3）施工现场道路应指定专人进行定期的洒水清扫，形成制度体系，减少灰尘污染。

---

[1]曹杰. 建筑施工现场环境污染识别与评价[J]. 科技经济市场，2015（10）:112-113.

（4）对于细颗粒、散碎状材料的运输、储存，要注意遮盖、密封，防止和减少飞扬。

（5）车辆开出工地要做到不带泥沙，基本做到不扬尘，减少对周围环境的污染和破坏。

（6）除设有符合规定的装置外，禁止在施工现场焚烧废弃物品以及其他会产生有毒、有害烟尘和恶臭气体的物质。

（7）机动车都要安装减少尾气排放的装置，确保其符合国家标准。

（8）工地锅炉应尽量采用电热水器。若只能使用烧煤锅炉，应选用消烟除尘型锅炉，大灶应选用消烟节能回风炉灶，使烟尘降至允许排放的范围内。

（9）在离村庄较近的工地应当将搅拌站封闭严密，并在进料仓上方安装除尘装置，采取可靠措施控制工地粉尘污染。

（10）拆除旧建筑物时，应适当洒水，防止扬尘。

（二）水污染的防治

（1）禁止将有毒有害废弃物作土方回填。

（2）施工现场搅拌站废水、现制水磨石的污水、电石（碳化钙）的污水必须经沉淀池沉淀合格后再进行排放，最好将沉淀水用于工地洒水降尘或采取措施回收利用。

（3）现场存放油料的，必须对库房地面进行防渗处理。

（4）施工现场 100 人以上的临时食堂，污水排放时可设置简易、有效的隔油池，定期清理，防止污染。

（5）工地临时厕所、化粪池应采取防渗漏措施。

（三）噪声控制

1．从声源上控制

（1）尽量采用低噪声设备与工艺代替高噪声设备与工艺。

（2）在声源处安装消声器消声。

2．从传播途径上控制

从传播途径上控制噪声的方法主要有以下四种：

（1）吸声。利用吸声材料（大多由多孔材料制成）或由吸声结构形成的共振结构（金属或木质薄板钻孔制成的空腔体）吸收声能，降低噪声。

（2）隔声。用隔声结构阻碍噪声传播，将接收者与噪声声源分隔。

（3）消声。利用消声器阻止噪声传播。

（4）减振降噪。对自振动引起的噪声，可通过降低机械振动来减小。

3．对接收者的防护

让处于噪声环境下的人员使用耳塞、耳罩等防护用品，减少相关人员在噪声环境中的暴露时间，以减轻噪声对人体的危害。

4．严控人为噪声

进入施工现场不得高声呐喊、无故甩打模版、乱吹口哨，限制高音喇叭的使用，最大限度地减少噪声扰民。

5．控制作业的时间

凡在人口稠密区进行强噪声作业时，须严格控制作业时间。确系特殊情况必须昼夜施工时，尽量采取降低噪声的措施，并会同建设单位找当地居委会、村委会或当地居民协调，出安民告示，以取得群众谅解。

（四）固体废弃物处理

（1）回收利用。建筑渣土可视其情况加以利用，废钢可按需要用作金属原材料，废电池等废弃物应分散回收，集中处理。

（2）减量化处理。减量化是对已经产生的固体废弃物进行分选、破碎、压实浓缩、脱水等减少最终处置量，降低处理成本，减少对环境的污染。

（3）焚烧技术。焚烧用于不适合再利用且不宜直接予以填埋处理的废弃物，尤其是对于受到病菌、病毒污染的物品，可以用焚烧进行无害化处理。

（4）稳定的固化技术。利用水泥、沥青等胶结材料，将松散的废弃物包裹起来，减少废弃物的毒性，减少二次污染。

（5）填埋。填埋是处理固体废弃物的最终技术，将经过无害化、减量化处理的废弃物残渣集中到填埋场进行处置。

第八章　我国水利工程管理的创新发展

第一节　我国水利工程管理及其发展战略

一、我国水利工程管理总体思路与战略框架

（一）总体思路

水利现代化是一个国家现代化的重要环节、保障和支撑，是一个国家进步发展的进程。它的建设标志着从传统水利向现代水利的一场变革。水利工程管理现代化适应了经济现代化、社会现代化、水利现代化的客观要求，它要求建立科学的水利工程管理体系。

作为水利现代化的重要构成，水利工程管理的总体发展思路可归纳为以下4条。

（1）针对我国水利事业实际情况和发展需要，建设高标准、高质量的水利工程设施。

（2）针对我国水利工程设施，研究制定科学的、先进的、适应市场经济体制的水利工程管理体系。

（3）针对工程设施及各级工程管理单位，建立一套高精尖的监控调度手段。

（4）打造出一支高素质、高水平、具有现代思想意识的管理团队。

（二）战略框架

各级水利部门应紧紧把握水利改革发展战略机遇，推动中央决策部署落到实处，为经济社会长期、平稳、较快发展奠定更加坚实的水利基础。基于此，依据水利部现有战略框架和工作思路，水利工程管理应继续紧密围绕以下十个重点领域下足功夫着力开展工作，这就形成了水利工程管理的战略框架：

（1）立足推进科学发展，在搞好水利顶层设计上下功夫。

（2）不断完善治水思路，在转变水利发展方式上下功夫。

（3）践行以人为本理念，在保障和改善民生上下功夫。

（4）落实治水、兴水政策，在健全水利投入机制上下功夫。

（5）围绕保障粮食安全，在强化农田水利建设上下功夫。

（6）着眼提升保障能力，在加快薄弱环节建设上下功夫。

（7）优化水资源配置，在推进河湖水系连通上下功夫。

（8）严格水资源管理，在全面建设节水型社会上下功夫。

（9）加强工程建设和运行管理，在构建良性机制上下功夫。

（10）强化行业能力建设，在夯实水利发展基础上下功夫。

二、我国水利工程管理发展战略的设计

依据上述提出的我国水利工程管理的指导思想、基本原则、发展思路和战略框架，特别是党的十八大，十八届三中、四中、五中、六中全会的重要精神以及"节水优先、空间均衡、系统治理、两手发力"水利发展总体战略思想，提出新时期中国水利工程管理发展战略的二十四字现代化方针："顶层规划、系统治理、安全为基、生态先行、绩效约束、智慧模式"。

（一）顶层规划

为适应新常态下我国社会经济发展的全新特征和未来趋势，水利工程管理必须首先建立统一的战略部署机制和平台系统，明确整个产业系统的置顶规划体系和行为准则，确保全行业具有明确化和一致性的战略发展目标，协调、稳步地推进可持续发展路径。

（1）在战略构架上要突出强调思想上统一认识，突出置顶性规划的重要性，高度重视系统性的规划工作，着眼于当前社会经济发展的新常态，放眼于未来，立足于保障国民经济可持续发展和基础性民生需求。

（2）在战略构架上要突出强调目标的明确性和一致性，建立统筹有序、协调一致的行业发展规划，配合国家宏观发展的战略决策以及水利系统发展的战略部署，明确水利工程管理的近期目标、中期目标、长期目标，突出不同阶段、不同区域的工作重点，确保未来的工作实施能够有的放矢、协同一致。

（3）在战略布局上要突出强调多元化发展路径，为应对全球经济危机后续影响的持续发酵以及我国未来发展之路，水利工程管理战略也应注重多元化发展目标和多业化发展模式，着力解决行业发展进程与国家宏观经济政策以及市场机制的双重协调性问题，顺应国家发展趋势，把握市场机遇，通过强化主营业务模式与拓展产业领域延伸的并举战略，提高行业防范和化解风险的能力。

（4）在战略实施上要突出强调对重点问题的实施和管控方案，强调创新管理机制和人才发展战略，通过全行业的技术进步和效率提升，缓解和消除行业发展的"瓶颈"，彻底改变传统"重建轻管"的水利建设发展模式，同时，发展、引进和运用科学的管理模式和管理技术，协调企业内部管控机构，灵活应对市场变化。通过管理创新和规范化的管理，使企业的市场开拓和经营活动由被动

变为更加主动。

（二）系统治理

坚持推广"以水定城、以水定地、以水定人、以水定产"的原则，树立"量水发展""安全发展"理念，科学、合理规划水资源总量性约束指标，充分保障生态用水。

把进一步深化改革放在首要位置，积极推进相关制度建设，全面落实各项改革举措，明晰管理权责，完善许可制度，推动平台建设，加强运行监管，创新投融资机制，完善建设基金管理制度，通过市场机制多渠道筹集资金，鼓励和引导社会资本参与水利工程建设运营。

按照"确有需要、生态安全、可以持续"的原则，在科学论证的前提下，加快推进重大水利工程的高质量管理进程，将先进的管理理念渗入水利基础设施、饮水安全工作、农田水利建设、河塘整治等各个工程建设环节，进一步强化薄弱环节管控，构建适应时代发展和人民群众需求的水安全保障体系，努力保障基本公共服务产品的持续性供给，保障国家粮食安全、经济安全和居民饮水安全、社会安全，突出抓好民生水利工程管理。

充分发挥市场在资源配置中的决定性作用，合理规划和有序引导民间资本与政府合作的经营管理模式，充分调动市场的积极性和创造力。同时注重创新的引领和辐射作用，推进相关政策的创新、试点和推广，不断强化水利工程管理能力，积极促进水利工程管理体系再上新台阶。

（三）安全为基

水是生命之源、生产之要、生态之基。水利是现代化建设不可或缺的首要条件，是经济社会发展不可替代的基础支撑，是生态环境保护不可分割的保障系统。水利工程管理战略应高度重视我国水安全形势，将"水安全"问题作为工程管理战略规划的基石，下大力气保障水资源需求的可持续供给，坚定不移地为国民经济的现代化建设提供切实保障。

水利工程应以资源利用为核心，实行最严格的水管理制度，全面推进节水型建设模式，着力促进经济社会发展与水资源承载能力相协调，以水资源开发利用控制、用水效率控制、水功能区限制纳污"三条红线"为基准建立定量化管理标准，提高水资源的利用效率。

（四）生态先行

认真审视并高度重视水利工程对生态环境的重要甚至决定性影响，确保未来水利工程管理理念必须以生态环境作为优先考量的视角，加强水生态文明建设，坚持保护优先、停止破坏与治理修复相结合，积极推进水生态文明建设步伐。

尽快建立、健全和完善相关的法律体系和行业管理制度，理顺监管体系、厘清职责权限，将水生态建设的一切事务纳入法治化轨道，组成"可持续发展"综合决策领导机构，行使讨论、研究和制订相应范围内的发展规划、战略决策，组织研制和实施中国水利生态现代化发展路径图。规划务必在深入调查的基础上，切实结合地域资源综合情况，量力而行，杜绝贪大求快，力求正确决策、系统规划、稳步和谐的健康发展。

努力协调、完善机构机能，保证工程高质量运行。完善发展战略及重大建设项目立项、听证和审批程序。注重做好各方面、各领域环境动态调查监测、分析、预测，善于将科学、建设性的实施方案变为正确、高效的管理决策，在实际工作中不仅仅以单纯的自然生态保护作为考量标准，而应努力建立和完善社会生态体系的和谐共进，不失时机地提高综合社会生态体系、决策体系的机构和功能。

从源头入手解决发展与环境的冲突，努力完成现代化模式的生态转型，实现水环境管理从"应急反应型"向"预防创新型"的战略转变。控制和降低新增的环境污染。继续实施污染治理和传统工业改造工程，清除历史遗留的环境污染问题。积极促进生态城市、生态城区、生态园区和生态农村建设。努力打造水利生态产业、水利环保产业和水利循环经济产业。着力实现水利生态发展与城市生态体系、工业生态体系以及农业生态体系的融合。

（五）绩效约束

基于调查研究和科学论证，建立水利工程管理的绩效目标和相关指标，绩效目标突出反映预算资金的预期产出和效果，绩效指标强调对绩效目标的具体化和定量化，绩效目标和指标均能够符合客观实际，指向明确，具有合理性和可行性，且与实际任务和经费额度相匹配。绩效目标和绩效指标要综合考量财务、计划信息、人力资源等多元绩效表现，并注重经济性、效率性和效益的有机结合，组织编制预算，进行会计核算，按照预算目标进行支付；组织制定战略目标，对战略目标进行分解和过程控制，对经营结果进行分析和评判；设计绩效考核方案，组织绩效辅导，按照考核指标进行考核，确保在未来更长的发展阶段实现绩效约束的管理战略的有序推进、深化拓展和不断完善，实现由事后静态评估向事前的动态管理的转换，由资金分配向企业发展转换，由主观判断向定量衡量转换，由单纯评价向价值创造转换，由个体评价向协同管理转换，倒逼责任到岗、权力归位、目标清晰、行动一致，以绩效约束的方式提升现代化治理体系和管理能力，推进企业经济效益、社会效益的最大化。

（六）智慧模式

顺应世界发展大趋势，加速推进水利工程管理的智能化程度，打造水利工程的智慧发展模式。以"统筹规划、资源共享、面向应用、依托市场、深入创新、保障安全"为综合目标，以深化改革为核心动力，在水利工程领域努力实现信息、网络、应用、技术和产业的良性互动，通过高效能的信息采集处理、大数据挖掘、互联网模式以及物网融合技术，实现资源的优化配置和产业的智慧发展，最终实现水利工程高效地服务于国民经济，高效地惠及全体民众。

三、我国水利工程管理发展的目标

（一）水利工程管理现代化目标管理的出发点

（1）目标管理，力求发挥水利工程的最大效益。从水利工程管理在国家和社会进步、行业发展过程中的作用的角度来说，水利工程管理现代化发展目标是国家和社会对于水利工程管理者的基本要求，而现代化只是达到这个目标的技术手段，发展目标是不变的，而实现目标的现代化手段，是可能随着时代的发展不断变化的。因此，有必要建立发展目标，根据管理效果进行目标管理。

（2）以人为本，合理分配人力资源，充分尊重人的全面发展。为适应时代发展，建立以人为本的水利工程现代化管理目标，合理分配人力资源，充分尊重人的全面发展，需要采取顺畅的"管养分离"的管理体制和有效的激励机制，采用最少的、适应水利工程管理技术素质要求的、具有良好职业道德的管理人员，开展检测观测、运行管理、安全管理等工作，达到管理的目标。

（3）经济节约，力求社会资源得到科学、合理的利用。建设现代化的水利工程设施，需要高额投资、高额维护。各地建设情况及需求不同，需要因地制宜，根据不同的情况设立不同的管理目标要求，不能一刀切。

（二）水利工程管理现代化目标的内涵

现代化的基础是规范化、制度化、科学化，水利工程管理单位必须按照相关的法律法规、行业规章以及技术标准，最主要的是水利部颁发的水利工程管理考核办法及各类水利工程考核标准，理顺管理体制，建立完善的内部运行机制，规范开展各项基础性的技术管理工作。在此基础上，水利工程管理应实现下述管理目标。

（1）水利工程达到设计标准、安全、可靠、耐久、经济，有文化品位。这主要是由工程建设决定的，不管流域性、区域性，还是部管、省管、市县管工程，都要达到设计标准，具备一定的经济寿命，并保持良好的环境面貌，有一定的文化品位，是最基本的要求。至于采用何种最先进的控制技术和设备进行建设，与环境、投资等多种因素有关，与管理目标没有必然的因果关系。

（2）各类工程设备具备良好的安全性能，运用时安全、高效，发挥应有的设计效益。各类工程设备必须具备良好的安全性能，以便运用时安全高效，同时发挥出应有的设计效益，这与管理水平密切相关，进行规范的检查观测、维修养护，可以掌握并保持设备良好的安全性能，能够灵活自如地运用，再加上规范的运行管理、安全管理，可以保证工程发挥防洪、灌溉、供水、发电等各项功能。这是水利工程管理现代化最重要的目标。

（3）坚持公平和效率原则，管理队伍思想稳定，人尽其职，个人能力得到充分发挥。管理人员是水利工程管理现代化实现的基本保证，强调人的全面发展是人类社会可持续发展的必然要求。传统的水利管理单位的管理模式往往存在机构臃肿、人员冗余等问题，干事的、混事的相互影响，再加上缺乏必要的公平分配、激励机制，往往导致管理效率不高。"管养分离"后的水利工程管理单位多为事业单位，内部人员相对精干，管理效能相对较高，是符合历史进步的先进管理体制。

（三）水利工程管理现代化目标管理的途径

1. 各级水行政主管部门围绕发展目标落实管理任务

明确水利工程管理现代化发展目标后，各级水行政主管部门可以将其落实到所管的水利工程管理单位的发展任务中。通过统筹规划、组织领导、考核奖惩等措施，可整体推进地区水利工程管理现代化建设，提高地方水利工程管理现代化水平。从经济、实用的角度考虑，可对新建的水利工程的现代化控制手段提出指导性意见，尽量使用性价比高的、可靠实用的标准化技术，确保水利工程管理所需的维修、管理经费足额到位，为水利工程管理现代化建设创造基础条件。

2. 水利工程管理单位围绕发展目标推进现代化建设

水利工程管理单位应采取科学的管理手段，建立务实、高效的内部运行机制，调动管理人员的积极性，努力发挥其创造性。将水利工程管理现代化建设各项具体任务的目标要求落实到人，并进行目标管理考核与奖惩。要建立以应急预案为核心的安全组织管理体系，确保水利工程安全运用，充分发挥效益，提高管理水平，保持单位和谐稳定。

（四）水利工程管理现代化目标管理的重要意义

（1）符合现代水利治水思路的要求。现代水利的内涵包括四个方面：安全水利、资源水利、生态水利、民生水利。这同样是从国家和社会对于水利行业的要求角度提出的，也就是水利现代化的发展目标对于水利工程管理单位来讲，达到管理现代化发展目标，就能满足保障防洪安全、保护水资源、改善生态、服务民生的目的。因此，推行水利工程管理现代化目标管理，是贯彻落实新时期治水思路的基本要求。

（2）符合水利工程管理考核的要求。水利行业正在推行的水利工程管理考核工作，是对水利工程管理单位的管理水平的重要评价方法。该考核涉及水闸、水库、河道、泵站等水利工程，采用千分制，包括组织管理、安全管理、运行管理、组织管理四个方面，进行定量的评价。通过水利部考核的国家级水利工程管理单位，代表全国水利工程管理最高水平，可以将其定性为实现了水利工程管理现代化，或者至少可以认定其水利工程管理现代化水平较高。而建立水利工程管理现代化发展目标，与水利工程管理考核的目标管理思路保持一致，也是来源于对水利工程管理考核标准的深入理解和实践检验。由此，水利工程管理考核标准可认为是水利工程管理现代化的评价标准之一；推行水利工程管理现代化目标管理，符合水利行业对于水利工程管理考核的要求。

（3）符合水利行业实际发展的要求。水利工程管理要跟上时代的步伐，除了要搞好水利工程的建设之外，还需要以健全的管理体制机制为保证，以"兼管并重，重在管理"方针为指导，做好水利工程全面建设工作，保证管理体制运行正常，实现水利工程管理的科学化、规范化、法治化、社会化。因此，要做到水利工程管理现代化建设与国家现代化建设相呼应，抓好重点，突出难点，循序渐进。结合地方差异，要因地制宜，城乡统筹，加快进程，分步实施。同时要坚持深化改革、注入活力、开创新蓝图的原则，借鉴国外发达国家的成功经验，结合我国具体国情来施行具有现代化意义的科学管理模式。

四、水利工程管理体系的发展和完善

（一）从流程划分的水利工程管理体系

1. 水利工程决策、设计规划管理

规划是水利建设的基础。中央一号文件和其他相关政策都把加强水利建设放在非常重要的位置，要求"抓紧编制和完善县级水利工程建设规划，整体推进水利工程建设和管理"。各地结合自身实际，充分了解并尊重群众意愿，认真分析问题，仔细查找差距，找准目标定位，依托地区水利工程建设发展整体规划，从农民群众最关心、要求最迫切、最容易见效的事情抓起，以效益定工程，突出重点，从技术、管理等多个层面确保水利工程建设规划质量。水利工程建设规划思路清晰，任务明确，建设标准严格，有计划、有步骤，分阶段、分层次地推进水利建

设工作，编制完成切实可行的水利规划并得到组织实施。在水利工程建设规划编制中应充分考虑水资源的承载能力，考虑水资源的节约、配置和保护之间的平衡；应把农村和农民的需要放在优先位置解决；应加强水力工程建设规划的权威性，规划的编制应尊重行业领导和专业意见，广泛征求各方面意见，按程序进行审批后加强规划执行的监管，提高规划权威性。

2. 水利工程建设（施工）管理

在水利项目管理上，积极推行规划许可制、竞争立项制、专家评审制、绩效考核制，确保决策的科学性。在水力工程建设过程中，项目法人要充分发挥主导作用，协调设计、监理、施工单位及地方等多方的关系，实现目标管理。严格履行合同，具体包括：①项目建设单位建立现场协调或调度制度；②监理单位受项目建设单位委托，按合同规定在现场从事组织、管理、协调、监督工作；③设计单位应按合同及时提供施工详图，并确保设计质量；④施工企业加强管理，认真履行承包合同；⑤项目建设单位组织验收，质量监督机构对工程质量提出评价意见。

为了配合纪检监察、审计等有关部门做好水利稽查审计，水利系统内部建立了省、市、县三级水利工程建设监督检查与考核联动机制，落实水利项目建设中主管部门、项目法人、设计单位、施工企业、监理等各方面的责任，形成一级抓一级、层层落实的工作格局。切实加强前期工作、投资计划、建设施工、质量安全等全过程监管，及时发现和纠正问题。加大对各地水利建设，尤其是重点项目的监督检查，及时通报，督促各地进一步规范项目建设管理行为，确保资金安全、人员安全、质量安全。通过日常自查、接受检查、配合督察、验收核查等不同环节，不断发现建设管理中的问题，对所有问题及时认真清理，建立整改工作台账；针对问题的不同严重程度，采取现场督办整改、书面通知整改、通报政府整改等方式加强督办；为防止整改走过场，将每一个问题的责任主体、责任人、整改措施、整改到位时间全部落实。

为保证水利建设工作的顺利进行，在制度保障方面应积极出台相关建设管理办法，制定相应建设管理标准，使水利工程建设从立项审批、工程建设、资金管理、年度项目竣工验收等都有规可依、依规办事。在组织保障方面，加强与各级部门沟通协调。与相关单位互相配合支持、各负其责、形成合力，确保各项水利建设工作健康发展。对水利建设组织领导、资金筹措、工程管理、矛盾协调、任务完成等情况进行严格的督察考核和评比，以此稳步推进农村水利建设工作的开展，确保取得实效。

3. 水利工程运行（运营）管理

水利工程管理体制改革的实质是理顺管理体制，建立良性管理运行机制，实现对水利工程的有效管理，使水利工程更好地担负起维护公众利益、为社会提供基本公共服务的责任。

（1）建立职能清晰、权责明确的水利工程分级管理体制。准确界定水管单位性质，合理划分其公益性职能及经营性职能。

（2）建立管理科学、经营规范的水管单位运行机制。加大水管单位内部改革力度，建立精干、高效的管理模式。

（3）建立严格的工程检查、观测工作制度。

（4）推进水利工程运行管理规范化、科学化。

（5）立足国家互联网+战略，推进水利工程管理信息化。依托国家互联网战略，加强水利工程管理信息化基础设施建设。

（6）树立现代化的水利工程管理理念：①树立以人为本、意识优质的工程建设和良好运行管理的根本目的是保障广大人民群众的切身利益；②树立公共安全意识；③树立公平公正意识。

4. 水利工程维修养护管理

（1）建立市场化、专业化和社会化的水利工程维修养护体系。水管体制改革实施"管养分离"后，建立健全相关的规章制度，制定适合维修养护实际的管理办法，用制度和办法约束、规范维修养护行为，严格资金的使用与管理，实现维修养护工作的规范化管理。要规范建设各方的职责、规范维修养护项目合同管理、规范维修养护项目实施、规范维修养护项目验收和结算手续、建立质量管理体系和完善质量管理措施。

（2）在水管单位的具体改革中，稳步推进水利工程"管养分离"，具体可分三步走：①在水管单位内部实行管理与维修养护人员以及经费分离，工程维修养护业务从所属单位剥离出来，维修养护人员的工资逐步过渡到按维修养护工作量和定额标准计算；②将维修养护部门与水管单位分离，但仍以承担原单位的养护任务为主；③将工程维修养护业务从水管单位剥离出来，通过招标方式择优确定维修养护企业，使水利工程维修养护走上社会化、规范化、标准化和专业化的道路。对管理运行人员全部落实岗位责任制，实行目标管理。

（3）建立、健全并不断完善各项管理规章制度。基层水管单位应建立、健全并不断完善各项管理规章制度，包括人事劳动制度、学习培训制度、岗位责任制度、请示报告制度、检查报告制度、事故处理报告制度、工作总结制度、工作大事记制度、安全管理制度、档案管理制度等，使工程管理有章可循、有规可依。管理处应按照档案主管部门的要求建有综合档案室，设施配套齐全，管理制度完备，档案分文书、工程技术、财务三部分，由经档案部门专业培训合格的专职档案员负责档案的收集、整编、使用服务等综合管理工作，档案资料要收集齐全，翔实可靠，分类清楚，排列有序，有严格的存档、查阅、保密等相关管理制度，通过档案规范化管理验收。同时，抓好各项管理制度的落实工作，真正做到有章可循、规范有序。

（二）从用途划分的水利工程管理体系

1. 防洪安全工程

（1）加强河道管理。河道管理工作是防洪安全工程管理的重要内容，也是水利社会管理的重要内容，事关防洪安全和经济可持续发展大局。当前，河道管理相对薄弱，涉河资源无序开发，河道范围内违规建设，侵占河道行洪空间、水域、滩涂、岸线，这些都严重影响了行洪安全，危及人民生命财产安全。要按照《水利工程管理条例》《湖泊保护条例》《河道管理实施办法》等法规，在加强水利枢纽工程管理的同时，着重加强河道治理、整治工作，依法加强对河道湖泊、水域、岸线及管理范围内的资源管理。

（2）建立遥测与视频图像监视系统。对河道工程，建立遥测与视频图像监视系统，可实时"遥视"河道、水库的水位、雨势、风势及水利工程的运行情况，网络化采集、传输、处理水情数据及现场视频图像，为防汛决策及时提供信息支撑。有条件时，建立移动水利通信系统。对大中型水库工程，建立大坝安全监测系统。用于大坝安全因子的自动观测、采集和分析计算，并对大坝异常状态进行报警。

（3）建立洪水预报模型和防洪调度自动化系统。该系统对各测站的水位、流量、雨量等洪水要素实行自动采集、处理并进行分析计算，按照给定的模型制定洪水预报和防洪调度方案。

2. 农田水利工程

我国应充分发挥各类管理主体的积极作用。在现行制度安排下，农户本应该成为农田水利设施供给的主体，但单户农民难以承担高额的农田水利工程建设投入，这就需要有效的组织。但家庭联产承包责任制降低了农民的组织化程度，农田水利建设的公共品性质与土地承包经营的个体存在矛盾，农户对农田水利建设缺乏凝聚力和主动性。因此，造成了农田水利建设主体事实上的缺位。需要各级政府、各方力量通力合作，采取综合措施，遵循经济规律，分类型明确管理主体，切实负起建设管理责任。地方政府是经济社会的领导者和管理者，掌握着巨大的政治资源和财政资金，有农村基础设施建设的领导权、决策权、审批权和其他权力，在农田水利工程建设中应担当以下四种角色：

（1）制度供给者。建立和完善农村公共产品市场化和社会化的规则，建立起公共财政体制框架，解决其中的财政"越位"和"缺位"问题。

（2）主要投资者角色。应该充分发挥政府公共产品供给上的优势和主导作用。

（3）多元供给主体的服务者与多元化供给方式的引入角色。鼓励和推动企业、社会组织积极参与公共产品的供给，构建和谐的政府、企业、社会组织合作模式。

（4）监督者角色。建立标准并进行检查和监督以及构建投诉或对话参与渠道等，建立公共产品市场准入制度，实现公共产品供给的社会化监督。农田水利建设属于公共品，地方政府在农田水利建设中应承担主导作用。

面对农村经济社会结构正在发生的深刻变化，要充分发挥农民专业合作社、家庭农场、用水协会等新型主体在小型农田水利建设中的作用，推动农民用水合作组织进行小型农田水利工程自主建设管理。按照"依法建制，以制治村，民主管理，民主监督"的原则，组建农民用水合作组织法人实体，推进土地连片整合，成片开发，规模化建设农田水利工程，突破一家一户小块土地对农田水利建设的制约，通过农田水利建设、将县、乡、村、农户的利益捆绑起来，可以用好用活"一事一议"，充分尊重群众意愿，充分发挥农民的主体作用和发挥农民对小型农田水利建设的积极性。

提高农田水利工程规划立项的科学性。以科学的态度和先进的理念指导工作，要做到科学规划、决策，把农田水利建设规划作为国民经济发展总体规划的组成部分，结合农业产业化、农村城镇化和农业结构调整，统筹考虑农田水利建设，使之具有较强的宏观指导性和现实操作性。农田水利建设项目的规划设计要具有前瞻性，着眼新农村建设，以促进城乡一体化和现代农业建设为突破口，体现社会、自然、人文发展新貌，既要尊重客观规律，又要从实际出发。

因地制宜，建立村申请、乡申报、县审批的立项程序，进行科学论证和理性预测，综合分析农田水利工程项目建设的可行性和必要性，择优选择能拉动农村经济发展、放大财政政策效应的可持续发展项目，建立县级财政农田水利建设项目库，实行项目立项公告制和意见征询制，把农民最关心、受益最大、迫切需要建设的惠民工程纳入建设范畴，形成完备的项目立项体系，解决项目申报重复无序的问题，积极推广"竞争立项，招标建设，以奖代补"的建设模式，将竞争机制引入小型农田水利工程建设，让群众全过程参与，群众积极性高、项目合理优先支持，推行"定工程质量标准、定工程补助标准，将政府补助资金直接补助到工程"的"两定一补"制度。

3. 取供用水工程

（1）建立水利枢纽及闸站自动化监控系统。建立水利枢纽及闸站自动化监控系统，对全枢纽的机电设备、泵站机组、水闸船闸启闭机、水文数据及水工建筑物进行实时监测、数据采集、控制和管理，运行操作人员通过计算机网络实时监视水利工程的运行状况。并且可依靠遥控命令信号控制闸站闸门的启闭。为确保遥控系统安全可靠，采用光纤信道，光纤网络将所有监测数据传输到控制中心的服务器上，通过相应系统对各种运行数据进行统计和分析，为工程调度提供及时准确的实时信息支撑。

（2）建立供水调度自动化系统。该系统对供水工程设施和水源进行自动测量、计算和调节、控制，一般设有监控中心站和端站。监控中心站可以观测远方和各个端站的闸门开启状况、上下游水位，并可按照计划自动调节控制闸门启闭和开度。

第二节　公益性水利工程的运行管理模式

一、公益性水利工程

"公益性水利工程的运行管理工作非常重要，合理开展相关运行管理工作不仅能够保障公益性水利工程的运行安全，还能保障公益性水利工程的效益发挥"[1]。根据水利工程的受益性不同，可将其分为公益性水利工程和非公益性水利工程两大类别。广义的公益性水利工程包括纯公益性水利工程和准公益性水利工程，本书的研究对象为纯公益性水利工程，即为狭义的公益性水利工程，它所产生的效益为社会共同使用，根据公共物品理论的相关内容对其进行定性分析，其具有两个显著特征：

（1）产权的非排他性，由于公益性水利工程所产生的效益为全社会所共同享用，所以其具有巨大的社会效益、经济效益和生态效益，但其财务效益不明显，且往往投资巨大，私人资本投入其中难以盈利，所以公益性水利工程的建造和运行只能依靠政府的财政投入。

（2）受益的非竞争性。公益性水利工程对每一个受益者提供相同效益，并且在一定的限度内，新增受益者的边际费用为零，但公益性水利工程提供效益所付出的费用并不为零，不仅包括前期的建造费用，也包括其后期维护运行所耗费用，这一部分支出必须由政府进行补贴。

二、公益性水利工程运行管理

公益性水利性工程运行管理是指为维护公益水利工程的完整，掌握其在使用

① 王衍璋. 公益性水利工程运行管理模式研究[J]. 营销界，2021（25）:155-156.

过程中的工程动态，消除工程隐患，保证公益性水利工程防洪、防浪等设计功能、而在其工程范围内所进行的相关检测、巡查、维修养护，以及限制对公益性水利工程的功能发挥具有负面影响的工作。

三、公益性水利工程管理模式

公益性水利工程的运行管理不同于经营性水利工程，公益性水利工程相较于经营性水利工程，其后期的运行过程中不产生财务效益，无法由自身的效益输出而获得经济补贴，没有私人资本愿意投入其中，所以其投入使用后的运行管理全权由政府负责。

影响公益性水利工程运行管理水平的主要有两大要素：

（1）公益性水利工程运行管理组织方式。鉴于公益性水利工程的特点，其组织方式全权由政府进行顶层设计，根据各省份的经济实力、省内流域的覆盖面积等实际情况的不同，所采取的组织形式亦有不同。

（2）公益性水利工程运行管理费用（防汛费、岁修费、专项维修等）来源与使用方式。其经费来源同样根据各省份的实际情况不同而有所不同，有些省份的公益性水利工程运行管理经费来源由省政府统一划拨，有些省份则由省政府下属地方市县承担，有些省份采取两者共存的方式。因此，将公益性水利工程运行管理模式定义为公益性水利工程运行管理组织方式与公益性水利工程运行管理费用承担与使用方式的有机组合。

四、公益性水利工程管理组织方式

公益性水利工程管理组织方式指公益性水利工程运行管理中，不同管理层面、管理机构间的结合方式，比如，不同管理层面管理机构通过行政隶属关系结合，或通过合同关系结合，或通过监督与被监督关系结合，或通过较为松散的指导（咨询）与被指导的关系结合。

五、公益性水利工程管理费用来源与使用方式

公益性水利工程管理费用来源与使用方式是指在公益性水利工程运行管理相关主体中，养护费用支付和养护费用使用由哪一方负责。在确定其经费来源与使用方式的过程中，要遵循组织及其设计论中管理幅度原则、统一指挥原则、权责对等原则、执行与监督相分离原则、集权与分权相结合等原则。

六、公益性水利工程运行管理组织方式

全国各地大江大河公益性水利工程管理分为省级、县（市）级和乡镇三个层次，

可将公益性水利工程运行管理组织方式 A 分为四类。

(一) A1 类公益性水利工程运行管理组织方式

A1 类公益性水利工程运行管理组织方式即"垂直"管理方式。公益性水利工程各层次的运行管理组织机构均隶属于省级公益性水利工程管理机构;省级公益性水利工程管理机构对公益性水利工程管理实行统一组织、统一领导;省级公益性水利工程管理机构隶属于省级水行政主管部门。目前,安徽省长江、淮河公益性水利工程运行管理中, 就有 29 段重要或跨行政区划的河段采用这种管理组织方式。其具有公益性水利工程运行管理指挥效率高、公益性水利工程运行管理人才选拔程序规范和运行管理维修养护经费使用规范等优势。此公益性水利工程运行管理组织方式主要劣势在于: 不论是水行政管理执法, 还是公益性水利工程运行管理中其他应急事项的处理,县市、乡镇政府的支持不足,其主要原因在于省级水行政单位对其辖区内的公益性水利工程运行管理实行"大包大揽",导致地方政府对公益性水利工程运行管理责任的弱化,公益性水利工程日常运行管理机构组建不完善。

(二) A2 类公益性水利工程运行管理组织方式

A2 类公益性水利工程运行管理组织方式即"分级+垂直"管理方式。省级公益性水利工程运行管理机构对县(市)级公益性水利工程运行管理机构负有指导、监管责任; 县(市)级公益性水利工程运行管理机构隶属于县(市)政府水行政主管部门, 乡镇公益性水利工程运行管理机构隶属于县(市)级河道管理机构。因此, 也称"省县分级"管理方式。目前, 安徽省长江、淮河公益性水利工程运行管理中, 部分河段就采用这种管理组织方式;江西省公益性水利工程运行管理中几乎全部采用这种管理方式。该公益性水利工程管理组织方式的特点是将公益性水利工程运行管理责任落实到了县级水行政主管部门,省级公益性水利工程运行管理机构仅起指导、监督作用。

(三) A3 类公益性水利工程运行管理组织方式

A3 类公益性水利工程运行管理组织方式即"分级"管理方式。省级、县(市)级和乡镇三个层次公益性水利工程运行管理机构分别隶属于同级政府水行政主管部门或政府。因此, 也称"完全分级"管理方式。辽宁省台安和盘山县曾采用这种公益性水利工程运行管理组织方式。该类公益性水利工程运行管理组织方式的优缺点与 A1 类基本相反, 最大问题是乡镇公益性水利工程运行管理机构的技术难以得到保障, 管理效率较低, 甚至可能导致公益性水利工程的维修养护不到位而丧失其原有设计功能，形成安全隐患，且不利于公益性水利工程运行管理人才梯队的选拔和建设。

（四）A4 类公益性水利工程运行管理组织方式

A4 类公益性水利工程运行管理组织方式：部分河段采用 A1 类公益性水利工程运行管理组织方式；部分河段采用 A2 类或 A3 类公益性水利工程运行管理组织方式。A4 类公益性水利工程运行管理组织方式并不是独立的一种管理方式，基本的为前 3 类公益性水利工程运行管理组织方式的有机组合。

七、公益性水利工程养护经费安排与使用方式

根据全国各地大江大河公益性运行管理实践，并结合组织及其设计论中的统一指挥原则、权责对等原则、集权与分权相结合原则、执行与监督相分离等原则，设计符合工程实际的全新公益性水利工程养护费用来源与使用方式。公益性水利工程养护费用来源与使用方式 B 可分为以下六类。

（1）B1 公益性水利工程养护费用来源与使用方式：省级政府全面负担公益性水利工程养护费用，并由省级公益性水利工程运行管理机构负责经费使用。

（2）B2 公益性水利工程养护费用来源与使用方式：省级政府财政全面负担公益性水利工程养护费用，并下拨县（市）级政府财政，由其负责经费使用。

（3）B3 公益性水利工程养护费用来源与使用方式：省级政府全面负责公益性水利工程养护费用，并由省级公益性水利工程运行管理机构、县级公益性水利工程运行管理机构共同负责经费使用。

（4）B4 公益性水利工程养护费用来源与使用方式：县级政府负担公益性水利工程养护费用，并负责经费使用管理。

（5）B5 公益性水利工程养护费用来源与使用方式：省级和县（市）政府共同负担公益性水利工程养护费用，并下拨县（市）级政府，由其负责经费使用管理。

（6）B6 公益性水利工程养护费用来源与使用方式：省级和县（市）政府共同负担公益性水利工程养护费用，并由省级公益性水利工程运行管理机构、县级公益性水利工程运行管理机构共同负责经费使用。

第三节　基于"智慧城市"理论的智慧水利工程管理

智慧水利是在以智慧城市为代表的智慧型社会建设中产生的相关先进理念和高新技术在水利行业的创新应用，是云计算、大数据、物联网、传感器等技术的

综合应用。与传统水利相比，智慧水利可以促进水利规划、工程建设、运行管理和社会服务的智慧化，提升水资源的利用效率和水旱灾害的防御能力，改善水环境和水生态，保障国家水安全和经济社会的可持续发展。

一、智慧城市的管理模式

（一）新公共管理的理论

"2012 年底开始了智慧城市建设，这也为智慧水利工程管理提供了可行的条件"[①]。传统的公共管理理论是以行政和政治二分法理论为基础的，以科层制为组织结构（或管理方式）的组织理论。多学科理论作为新公共管理理论基础，这明显与传统公共管理是不同的，它不像传统理论只关注经济规则。多学科理论主要体现在以下方面：

（1）在新公共管理概念下，政府在行政管理中应该是政策的"制定者"而不是执行者，政府应该只掌舵不划桨。这样可以保证政府看到所有问题的根本，从而发现达到目标的最有效的方法，有效率及措施较好的政府是一个"善治"的政府。

（2）应借鉴推广成功的私营企业的管理经验和手段。新公共管理理论强调要采用高效的管理模式，强调政府也应唯"实用论"，对于管理方式，应核算成本与效率，提高管理质量，重视人力资源管理等，这一方式已被私营企业或部门成功验证。新公共管理理论还明确了政府不应该总是对传统职业进行保障，而是需要根据相应的服务性质或内容，重新分解各种执行机构，提高成本和效率。

（3）采用权利分配的方法进行管理。政府组织根据等级分明的结构来行使社会公共权力，这种方法使政府机构难以对社会管理中的问题及时作出反应及反馈，快速处理社会问题。随着城市高速发展，城市管理的复杂化程度也越来越高，政府决策系统不能及时适应这种迅猛的变化，压力大增。社会总是要求政府机构能快速、有效地对新的社会问题及时作出响应。企业分权、授权的方法可以供政府借鉴，权力下放，决策层前移，增加组织的灵活性，提高反馈外界环境变化的能力。比如：政府可以通过社会的管理和服务职能使志愿者组织民主参与，让最前线的人更好地进行区域自治。

（4）提高公共服务的质量和效率是重中之重。在"交易成本理论"的指引下，政府部门在管理人员业绩和资源配置效果之间，政府应该更加倾向于提升公共服务的数量和质量，将最终效果作为评价的重要依据。不应该根据任务目标，而应

---

① 张颖宇. 基于"智慧城市"理论的智慧水利工程管理[D]. 南昌：南昌大学，2018.

根据任务业绩情况来支付报酬并改进管理效率。

（5）在公共管理中采用竞争的机制。公共管理理论指出，政府应该重新看待公共服务供给的垄断性，并考虑竞争机制的执行。通过开设各种渠道，让政府和私营部门有更多的方式来共建公共管理，形成竞争体制，从而可以提高服务效率。

（二）城市网格化管理理念

城市网格化管理理念来源于城市公共服务，比如早期对市区自来水的网格化管理。它将传统的部门纵向信息采集方式打破，在互联网的基础上，集成了多项信息技术后改善了信息采集的流程，强调的是横向数据的采集，为群众和管理人员提供了更多的交互性和资源。

通过利用终端设备、终端软件采集信息的方式来实现现场问题的信息采集同步化，获取实时最新信息。目前主要有两类方式：

（1）主动采集。通过网格负责人巡查获取事件、物件、人口信息，然后负责人通过各种移动终端设备实时报送现场已变更的表单、音频、图像等信息。

（2）公众举报。群众通过电话或网络报告方式反映城市网格中的信息变化，信息处理中心通过 GPS 信息系统快速定位并登记，并在后期安排专人核实反馈信息。利用传感器、摄像头等先进感知设备获取信息。采用网格化管理，还可以用卫星定位的方式获取指定目标的地标信息，与信息系统中相关信息进行交叉比较，从而获得隐藏信息。

二、智慧城市的管理技术

（一）智慧城市公共管理概念

智慧城市模式下的公共管理的概念最早可以追溯到智慧城市的概念，它的核心观点是把城市中所有的人和物都作为城市系统的元素，是构成城市的基本单元，然后通过建立各元素的关联与联系，形成一个独立但又联系紧密、秩序清晰的三维立体网络模型，通过这个网络充分发挥各元素（无论是人还是物）在网络中的作用，形成对城市资源的高度利用和充分满足城市居民的公共管理系统。在这一理念下，智慧化的城市公共管理核心就是如何利用物联网、因特网、大数据及云计算等技术，通过信息采集硬件构建信息网络，通过输入输出终端采集到的信息以及监控信息的交互共享、大数据分析处理，得到决策支撑和管理，实现人、资源和技术的充分融合。为市民提供生活、生命保障，医疗健康以及为社会生产提供更加个性的服务，使城市管理更便捷、更安全和个性化。

（二）智慧城市公共管理的特征

智慧城市公共管理是一个复杂的系统工程，从不同的角度来看它具有不同的特征。

1. 智慧城市公共管理的人文特征

智慧城市公共管理是在公共管理基础上的发展，同时具有公共管理和新公共管理的特征。所以从这个角度来看，智慧城市的公共管理特征应至少具有"以公众为中心性""普惠民众性""透明性""无缝性""快速回应性""一体性"这六大特征。

2. 智慧城市公共管理的根本特征

以新管理学作为理论基础，大数据、云计算等新技术作为手段，来对城市进行高效管理是智慧城市公共管理的根本特征。而水利工程管理主要是对资源的优化配置方面，包含水资源的优化配置和人力资源的优化配置。其在大数据时代背景下主要体现在水利工程管理中实现公共利益表达的自由性、推动社会公共管理精细化、推动社会公共管理透明化、推动社会公共决策科学化。同时对水利工程管理需要具有前瞻性和主动性。前瞻性可以由大数据支持下的数学模型分析得到，而主动性主要是通过各种网络平台的交互性体现。对水利工程本身、外在环境、服务供给等形成的模型、数据预测，可以精准提供服务，也能起到"治未病"的效果。智慧城市公共管理还具有"韧性"的特征。

3. 智慧城市公共管理的产品特征

传统城市发展到今天的智慧城市，城市的各方面构成了它繁复的层次结构，像一个复杂产品的系统。把城市作为产品系统开发，要按照产品开发流程，对系统分块，再将每一个子系统进行设计与实施。公共管理作为智慧化城市下的一个子系统，也可以找到其对应的产品特征。产品系统下的产品特征的概念，又可以具体分为产品技术特征、产品类型特征和产品经营性特征。智慧化城市的产品技术特征可看作是智慧化城市的技术支持，它将包含以由传感器为神经末梢、物联网为神经、互联网为骨骼、大数据云计算为大脑的覆盖全城的感知神经网络体系。物联网的发展程度、云计算的高速发展和大数据不断更新的处理方式为智慧城市神经网络的搭建提供了技术基础。

4. 智慧城市公共管理的个性化服务特征

在满足标准化服务的同时，市场领域所提供的个性化服务程度体现了服务水平的发展程度。目前公共领域的主流服务还是提供标准化服务，这主要是由在原来管理模式下的成本决定的，公共服务的公共属性制约了个性化，由于客观因素难以有效的激励，以及个性化服务没有标准化服务简单、快捷，标准化服务更适合政府执行，正是由于这些因素限制，造成了目前这一状况，但随着智慧城市的发展，个性化服务成本会迅速降低，公共服务自身也越来越要求个性化服务，在智慧化手段的基础上，通过政府的协调组织，高度个性化服务必将成为智慧政府的特征之一。

参 考 文 献

[1] 蔡奇，王亚军，罗磊. 水利工程建设质量面临挑战与对策[J]. 中国水利，2022（4）：47-48.

[2] 曹杰. 建筑施工现场环境污染识别与评价[J]. 科技经济市场，2015（1）：112-113.

[3] 仇欣，肖晋宇，吴佳玮，等. 全球水能资源评估模型与方法研究[J]. 水力发电，2021，47（5）：106-111，145.

[4] 达云玲. 水利工程安全管理与质量控制的相关性研究[J]. 陕西水利，2019（6）：200-201.

[5] 丁育南. 编写建筑工程质量评估报告的几点建议[J]. 建筑经济，2007（3）：87-90.

[6] 冯继伟，孙开畅，颜鑫. 基于复杂网络理论的水利工程人为风险分析[J]. 人民长江，2022，53（3）：155-159.

[7] 洪振国，苟勤章，李海华. 水利工程溢洪道底流消能水力特性分析[J]. 排灌机械工程学报，2022，40（3）：258-263.

[8] 胡玉杰，屈创. 水利工程水土保持对策探讨[J]. 中国水土保持，2020（8）：26-28.

[9] 贾秀平. 水利工程档案收集归档的问题和对策[J]. 档案管理，2021（5）：84-85.

[10] 贾燕. 关于加强水利工程建设合同管理工作的思考[J]. 治淮，2022（1）：62-64.

[11] 靳恒，王清峰，郑敏哲，等. 大型水利工程气盾坝安装及优化关键技术[J]. 施工技术（中英文），2022，51（4）：73-76，81.

[12] 李鑫斐，黄羽. 浅析水质净化功能型河口生态湿地构建技术[J]. 湿地科学与管理，2020，16（3）：39-41.

[13] 刘军，胡坚. 大中型水利工程农村移民安置方式浅析[J]. 水力发电，2020，46（7）：16-19.

[14] 吕建平. 网络图在项目施工进度控制中的应用[J]. 建设科技，2022（增刊1）：132-134.

[15] 毛建. 水电站水库调度中的影响因素、运行与现代智能算法[J]. 科学与信息

化，2017（6）：99-100.

[16] 潘少斌，吴瑕，李苏犁，等. 湖北省农田水利工程运行维护监管现状及问题对策研究[J]. 中国农村水利水电，2020（12）：88-90.

[17] 盛奇. 浅谈水利工程建设对生态环境的影响[J]. 农业开发与装备，2021（2）：47-48.

[18] 石品，睢辉锁，王伟，等. 浅议水能资源的利用[J]. 建筑工程技术与设计，2018（14）：4772.

[19] 唐荣桂. 既有水利工程维修安全风控分析[J]. 中国水利，2021（22）：55-56.

[20] 田英，袁勇，张越，等. 水利工程智慧化运行管理探析[J]. 人民长江，2021，52（3）：214-218.

[21] 汪明纲，辛超，邱维雨. 固定总价合同未完成工程结算方法探析：兼评江苏高院审理施工合同纠纷案件若干问题解答第 8 条[J]. 工程造价管理，2021（6）：38-43.

[22] 王波，黄德春，华坚，等. 水利工程建设社会稳定风险评估与实证研究[J]. 中国人口·资源与环境，2015，25（4）：149-154.

[23] 王柳，张秋玲，张跃峰，等. 我国农田水利工程建设抵御水旱灾害效果评估[J]. 灌溉排水学报，2021，40（11）：129-136.

[24] 王衍璋. 公益性水利工程运行管理模式研究[J]. 营销界，2021（25）：155-156.

[25] 王卓甫，丁继勇，张兆波，等. 新时代优化水利工程建设程序构想[J]. 中国水利，2022（4）：43-46.

[26] 魏娟娟. 水利工程质量控制的影响因素及对策研究[J]. 造纸装备及材料，2020，49（3）：160.

[27] 徐志，马静，贾金生，等. 水能资源开发利用程度国际比较[J]. 水利水电科技进展，2018，38（1）：63-67.

[28] 许浩. 对推行水利工程管理标准化的思考[J]. 中国水利，2022（6）：53，42.

[29] 许凯元. 基于网络计划技术的建筑施工管理方法[J]. 散装水泥，2022（3）：51-53.

[30] 翟博文，兰光裕，乐云. 水利工程 EPC 发包方要求定义等级指数评价[J]. 人民黄河，2021，43（7）：124-129，136.

[31] 张浩，杨志刚，邓海生，等. 浅谈水利工程设计变更管理[J]. 海河水利，2013（4）：16-18.

[32] 张嘉军. 水利工程项目管理总承包（PMC）推广存在的问题及建议[J]. 中国水利，2021（20）：102-105.

[33] 张磊，邵洪泽，张立锋，等. 导流明渠在水利工程中的应用[J]. 施工技术，2021，50（2）：50-52，80.

[34] 张仁贡，程夏蕾，陈星. 我国水能资源区划的构想[J]. 水电能源科学，2012，30（4）：103-105.

[35] 张颖宇. 基于"智慧城市"理论的智慧水利工程管理[D]. 南昌：南昌大学，2018.

[36] 张中华. 水利工程施工中防渗技术的应用[J]. 中国水利，2020（10）：42-43.

[37] 周守朋，辛京伟. 水利工程建设管理中项目法人重点工作探讨[J]. 治淮，2021（12）：27-28.

[38] 周懿. 论科学开发水能资源的基本路径[J]. 中国水利，2016（21）：44-46.